次世代の情報発信

澁澤健太郎・山口翔
＋Shibuzemi.com

時 潮 社

はじめに：

インターネットが普及し、誰でも情報発信をすることが可能になった。発信の方法が限られていた時代では、その垣根は高く、TV やラジオ、いわゆるマス 4 媒体などに所属する専門家が行うだけであった。いまでは、個人のホームページはいうに及ばず携帯からのプロフ、ブログ、SNS 等、送り手も多様化した。しかしながら、Web 上では情報が溢れ返ると同時に、信頼できる情報、虚偽の情報、盗用された情報などが混在している。

限りのある予算で情報発信をしようとすると、いかにそのサイトが必要とされ、且つ信頼できる情報を発信するかが大切となるが、ただサイトを運営しているだけでは見つけてもらうだけでも大変である。

また、映像配信や音声配信などといった専門的なことを個別に行おうとすればそれなりの技術や知識、さらには機器類、ソフトなどの購入資金が必要になってくる。何より手弁当でそれらを実践したところで、調べ終わってひな形が出来た頃には作り続ける気力もリソースも無く、情報発信が続かない、ということはよくある。

信頼出来るサイトとして注目されるオリジナリティあるコンテンツを送り出すには、“コンテンツの題材”となる情報そのものを効率よく集めることと、それらを送り出す為に「情報発信に必要なスキル」が必要になる。

本書では、5 〜10人の小規模なグループから100人程の組織、具体的には NPO や SOHO 事業者、大学のゼミ等、比較的小さな組織が Web の中でいかにオリジナリティのある情報を“コンテンツ”として世に送り出し、信頼されるサイトを運営していくかに主眼をあて、事例を通してみていく。

裏サイトに始まる誹謗中傷が、情報社会の発展を阻害していることは間違いない。長期的に見れば信頼のおけない情報はいずれ淘汰される可能性があるが、そのためにも信頼の高い意義のあるコンテンツが次世代の情報源としての核にならなければならない。

著者を代表して　澁澤健太郎

平成20年７月

目　次

本書の内容で間違った説明をしてしまった箇所があります。読者の皆様にご迷惑をお掛けしたことを深くお詫びし、訂正させていただきます。正誤表を記載いたしますので参照してください。

誤　　**第７章　shibuzemi. comの事例**

正　　**第８章　shibuzemi. comの事例**

第１章　情報発信

1−1　インターネットの登場

1997年はインターネットという言葉が毎日のように我が国のメディアに登場した年であった。就職では面接試験の第１問が「当社の HP（ホームページ）をご覧になりましたか？」という質問からインターネットと企業の関わりについての小論文を実施したり、就職情報もインターネットで閲覧できるようになった。国内のインターネットユーザーは、700万人に達し、携帯電話が急速に普及に向かい始めた。加入電話の半数を携帯電話が越えたのもこの年である。

図表１−１

インターネット利用者数・人口普及率

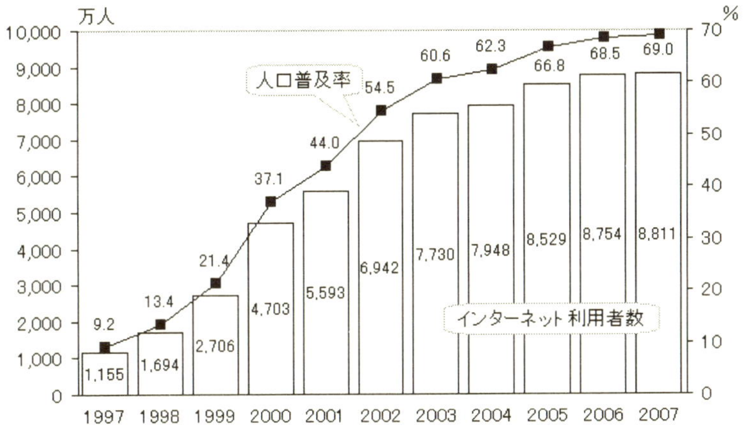

（注）年末の推計。インターネット利用者数は、パソコン、携帯電話、ゲーム機等のいずれかでの利用者。対象年齢は1999年まで15～69歳、2000年末15～79歳、2001年以降6歳以上。
（資料）総務省「通信利用動向調査」

それから10年で国内インターネットユーザー数は、8000万人に達し（資料１参照)、携帯電話の普及にともない固定電話利用者数が5000万人を切った。大学では、教室がやけに静かになったなあ、なんて思っていると学生の多くが手元で携帯のメールに忙しい。携帯電話はもとより、PDAといわれる端末や携帯型のゲーム機でもインターネット利用ができるようになった。

ブロードバンドという言葉に表されるように高速での利用環境も確立し、光ファイバーの利用率も伸びている。HP（ホームページ）の数は世界で50億ともいわれ、誰もが情報を発信することが可能となった。HP（ホームページ）で発信される情報量は膨大であるが、検索技術の進歩でキーワードを入力することで必要な情報に短時間でアクセスできる。

1−2　IT 革命から ICT 革命へ

IT は今までの日本型規制社会に大きな変化を与え、意味のない規制を撤廃させる力になった。早くから市場原理を優先し、規制緩和、撤廃を進めてきたアメリカは、自身が起点となったインターネットを舵取りに使いながら、例のない長期景気を持続し、圧倒的なパワーで経済再生を成功させた。インターネット非課税政策は現実空間だけでなく仮想空間でもアメリカが主導権を握る自信のあらわれでもあった。

情報化に成功した企業は、合理的な経営戦略を使って他企業を駆逐する。企業内外における今までの日本型モデルは旧型モデルと揶揄され、人間関係はもとよりフロアの形態も大きく変化した。社員すべてがパソコンを使用する必要があり、メールアドレスは全員に与えられた。ナレッジマネジメントシステムといわれるリアルタイムでの知識共有が、最重要戦略のひとつとなり、書類が社内を周回する稟議システム、飲み会での情報交換などは必要がなくなる。社内、社外でも頻繁にメールのやりとりが行われ、それを監視する社員も存在する。営業社員の居場所が GPS システム（Global Positioning System）によって即座に把握され同地点より動かない社員には携帯へメールが送られる。

同じサービスを受けるのに価格が変化する。空港の JAL のカウンターで航空券を購入するのと携帯電話で注文するのでは価格が違う。銀行の振込み手数料はさらに大きな格差が存在する。中古のソフトはオークションで入手できるし、電子マネーとの連動でポイントもたまる。ホテルの宿泊はインターネット会員なら格安で利用できるし、予約もメールで行うので電話を使う必要もない。こうしたインターネット利用者には多くの特権が存在し、高かった通信料金も競争によって下落したのでますます利用価値が高くなっている。

ADSL より速度が速くなってくると、音声や映像が途切れることなく、利用できるようになる。情報基盤がこのように確立してきている今日、動画サイトの利用者も急増し、昨日の TV の内容は翌日には公開されたりするようになった。教育の分野でも e ラーニングが話題になり、教室で撮影した内容をストリーミングやオンデマンド方式で提供できる。いまやすべての単位を遠隔で取得することができる大学が存在し、いくつかの講義は携帯で配信されている。SNS（Social Networking Service）に代表されるコミュニケーションのツールは、多くの人が参加し、意見交換を頻繁におこなっている。匿名で参加できる掲示板には、正確でここでしか得ることのできない情報もあるが、ほとんどが誹謗中傷の書き込みで埋まっている。

図表１－２　SNSの利用者推移グラフ

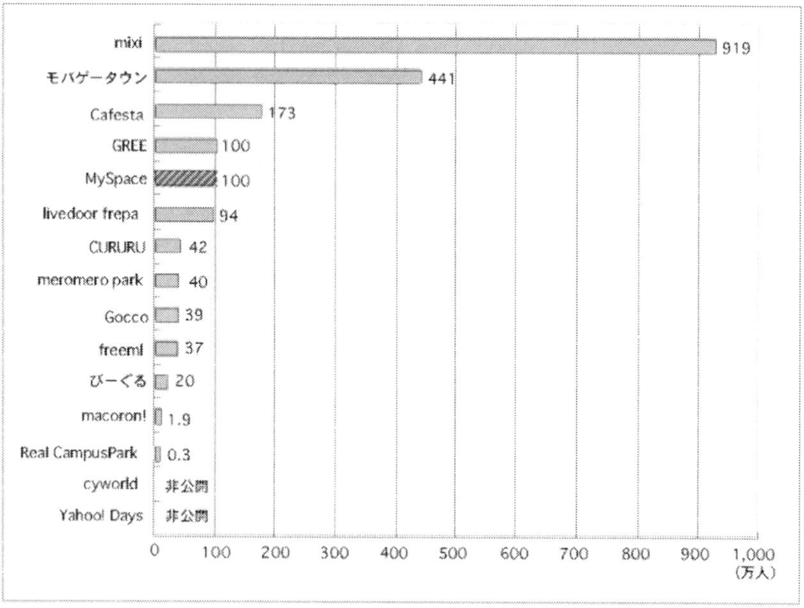
mixi
919
モバゲータウン
441
Cafesta
173
GREE
100
MySpace
100
livedoor frepa
94
CURURU
42
meromero park
40
Gocco
39
freeml
37
びーぐる
20
macoron!
1.9
Real CampusPark
0.3
cyworld
非公開
Yahoo! Days
非公開
0
100
200
300
400
500
600
700
800
900
1,000
(万人)

出典：リサーチフォーラム『SNS市場の最新動向～SNSビジネス調査報告書2007～』

1−3　これからの情報化社会

1964年の最初のコンピュータ「ENIAC」は高さが3メートル、長さは50メートルというしろもので、1秒あたり5000回の演算をこなすことができた。1971年、インテルは1秒あたり6000回の演算をこなすチップを開発、その大きさはわずか12平方ミリである。いまでは1秒あたり10億回以上の演算をこなすチップが開発されている。5年前にある学会で報告者が、「インターネットで文字が最初に伝えられ、画像がこれに続いた。このあとに来るのは匂いである」と真面目な顔で言ったところ、会場は爆笑に包まれた。しかしいまではこの話は現実となりつつある。

米国で継続されている火星探査プランの中にマイクを搭載している無人探査機が火星の音をひろいNASA（National Aeronautics and Space Administration）のHP（ホームページ）からインターネットで全世界へ中継するというものがある。いずれ未知の音を私たちは自宅で、あるいは車の中や道路上でパソコンや携帯電話から聞くことができるだろう。

インターネットの登場は社会に大きなインパクトを与えている。こうした社会では人間の感性そのものが新しい対応を求められる。

いままでにない変化をもたらしたインターネットは、しかしながら個性やオリジナリティを発揮するためのツールになっているか？　というと必ずしもそうではない。

流通する情報量は飛躍的に増えたが、誰もが検索でひっかかる上位層のHP（ホームページ）にアクセスすることから、利用する情報は限られたものになる。また新しい情報が発信されなければいつまでも古い情報が残されているだけのことになる。大学生に課題を出すと提出されるレポートが類似してきているのはインターネットの利用の仕方を如実に表している。

情報発信の場は何もHP（ホームページ）だけではない。掲示板やブログに見ることのできるコメント、インターネットラジオでは免許がなくてもだれでも開局が可能で、自分たちの意見や知識などの情報を音声で発信できる。ハンディビデオカメラも性能が向上し、撮影した映像を公開すれば世界中で利用する人が増えて国際理解や交流も増える。インターネットTV局としての情報発信の場を作ることが可能なのである。世界でその普及が著しい電子メールは、メールマガジンで一定のユーザに限定して発行ができる。こうした情報発信によって反社会的な情報は長期的には減少すると考えている。「悪貨は良貨を駆逐する」という俗に言うグレシャムの法則は、情報社会においては、「良情報は悪情報を駆逐する」と理解したい。

コラム：バイシング

スペインで2007年3月よりCO_2排出量削減や交通渋滞軽減のために新たな公共交通が誕生した。それが「バイシング（貸し自転車）」である。

これは市内のどこの自転車置き場（ステーション）でも自転車を借り、返却できる。ウェブで申し込むと自宅にICタグの埋め込まれたIDカードが送られ、そのカードをステーションの受信機にかざすと自転車のロックが解除、利用できる仕組みとなっている。

公共交通であるため、独り占めすることはできないが、地下鉄やバスなどの駅の近くに設けられているという。

地球温暖化やCO_2排出量が世界的に問題となっている今日、日本はじめ各国で導入すべきである。すべての自転車をバイシング化すれば盗難の問題もなくなる。（私の自転車はいままでに2台もなくなりました）

第2章　ブログを運営する

2−1　ブログ

2-1-1　ブログ時代の始まり

従来、組織やグループの情報を対外的に発信しようと思った時には、新聞・雑誌に広告を出稿することや地域コミュニティ紙などフリーペーパーの配布、といった形が一般的であり、どれもマスメディアの情報発信力にかなうものではなかったが、現在、インターネットを通じ世界中がネットワークで繋がることが当たり前の時代となり、誰もがインターネットを通じて情報発信を行うことが可能となった。

1990年代のインターネット普及期においては、「インターネットを通じ誰もが情報発信を可能とした」といっても、そのために必要な設備、知識、技術力のハードルは決して低くはなく、誰もが思い立ったその日から始めるというわけにはいかず、一部の層が、「HTML」という仕組みを用いて、「ホームページ」を作り情報発信を行う時代がしばらく続いていた。

しかし、2000年代に入りこの流れに変化が現れる。まず、我々がPCを通じてインターネットにアクセスする回線は「ADSL」「ケーブルテレビ網」「光ファイバー」と高速なものが登場し、誰もが情報の取得をより高速に行う時代に突入した。一方で、PCがネットワークを通じ接続する先、情報が格納されている「サーバー」側の性能も高性能化し、こちら側のPCが高性能でなくとも、サーバー側で多彩な機能を実現することが可能となった。この流れが、「ブログ」や「SNS」といった、ソーシャルな情報発信時代の始まりに繋がることになる。

2-1-2　ブログとホームページの違い

ブログがそれまでHTMLを書き換えて行われていた情報発信に対し、何が違うのかといえば、「始めるまでの早さ」「更新のしやすさ」「誰でも出来る」といった点が挙げられる。
「始めるまでの早さ」は、HTMLを書き換えていた時代にはまず、「情報発信を始めよう」と思い立ってからの時間がかかっていた。HTMLを記述するための言語を覚え、情報をアップロードするためのサーバー領域を確保し、FTP接続の知識を得て、アップロードして初めてインターネット上に自分のページが出来る。これがブログであれば、無償でブログサービスを提供している会社からサービスを選び、会員登録を済ませばページはすでに完成している状態となる。
「更新のしやすさ」は、従来であれば、更新も非常に手間のかかるものであった。FTPに接続するための環境もさることながら、HTMLを記述できる人しか更新が出来ないため、例えばグループでホームページを運営している場合、ミスを見つけた人がその知識を持っていなければ、担当の人が更新可能な状態になるまで待つしか方法が無かった。これがブログであれば、サイトを運営する誰もが、いつでもどこからでも更新が可能であるし、携帯電話等でも手軽に追加を行うことが出来る。
「誰でも出来る」＝誰もがやっている、ということは非常に重要な項目あり、一部の技術を身につけた人間が運営可能なホームページにはそれはそれで、一定のステータスと言える時代があったが、そうした技術勝負でなく、中身次第で誰もが注目を勝ち得ることが出来る時代になったこと、それにより参加者が増えることはコンテンツの多様化に繋がる。一方で、誰もが情報発信を行うことが出来ることで、有害とされる情報も、同様に手軽に発信できるようになった。両面の意味で、「誰でも出来る」ということは非常に重要な項目であるといえる。その上での問題面については第6章で取り扱う。

2-1-3　ブログへの注目

今や老若男女から犬や猫まで、誰もが運営しているブログであるが、多くの人は誰かの、あるいは企業などのブログを日々みている。膨大なページの中で、ただただ、ブログを運営するだけでは、即注目を集めることは難しく、運営の仕方によっては、注目を集めるどころか、批判の対象になる事にも繋がりかねない。大切なのは、本書で扱うような多様な情報発信の仕組みを一通り理解し、その上で、自分たちの情報発信にあった方法を利用する、ということである。その上でブログは中心的なツールとなる。次項からは具体的なブログの仕組みについてみていく。

2−2　ブログのしくみ

2-2-1　ブログの記事作成機能

私たちがビジネスの書類や講義で提出するレポートなどのドキュメントを作成する際、主に「Microsoft Word」等のワープロソフトを利用する。ワープロソフトは文書作成と簡単なレイアウト作業に最適化されており、装飾や図表の作成といった機能と併せて、簡便にドキュメントを作成することが出来る。ブログというのも、インターネット上に記事を作成するためのソフトがインストールされているのだと考えると理解が早い。実際に、ブログの記事入力画面というのは、「Microsoft Word」等のワープロソフトのインターフェースに酷似している。

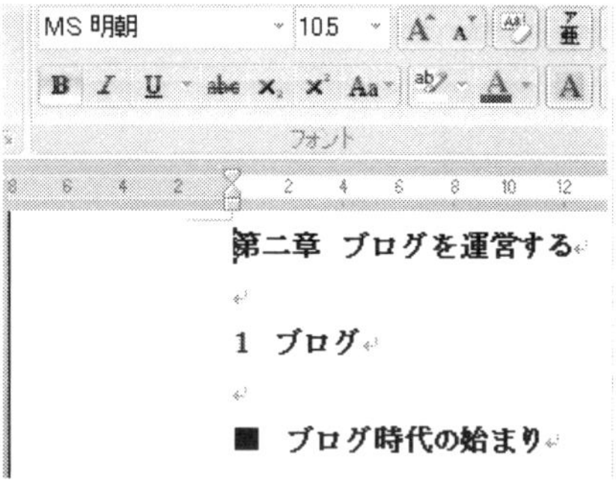
MS 明朝
10.5
フォント
第二章　ブログを運営する
1　ブログ
■　ブログ時代の始まり

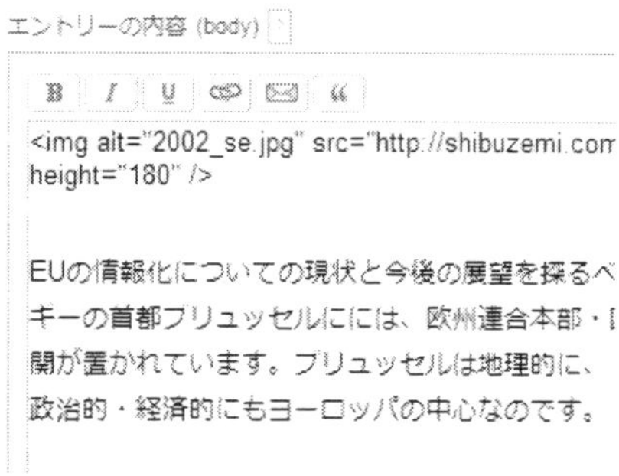
エントリーの内容 (body)
<img alt="2002_se.jpg" src="http://shibuzemi.co
height="180" />
EUの情報化についての現状と今後の展望を探るべ
キーの首都ブリュッセルにには、欧州連合本部・
関が置かれています。ブリュッセルは地理的に、
政治的・経済的にもヨーロッパの中心なのです。

また、「Microsoft Word」では、「印刷プレビュー」ボタンを押すと印刷イメージをみることが出来、「印刷」ボタンを押すとプリンタを通じ文章が印刷されるが、ブログも同様で「確認」や「プレビュー」を押下すれば記事がどのように出力されるのかを確認でき、「投稿」や「保存」を押下すればブログ上に記事がHTMLなどの形式となって出力される。

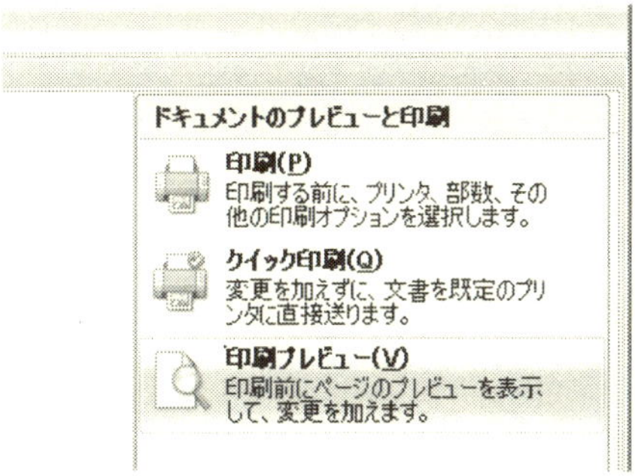
ドキュメントのプレビューと印刷
印刷(P)
印刷する前に、プリンタ、部数、その他の印刷オプションを選択します。
クイック印刷(Q)
変更を加えずに、文書を既定のプリンタに直接送ります。
印刷プレビュー(V)
印刷前にページのプレビューを表示して、変更を加えます。

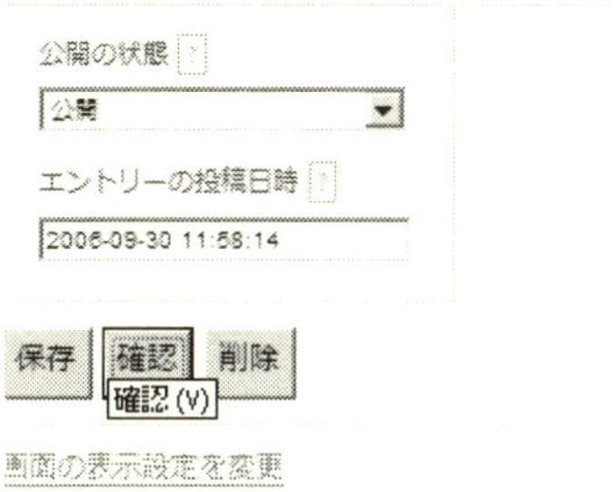
公開の状態
公開
エントリーの投稿日時
2006-09-30 11:58:14
保存
確認
削除
確認 (V)
画面の表示設定を変更

ブログ記事投稿の確認画面

メイン・メニュー > ShibusawaSeminar Website > エントリー > 海外視察2006　EU　欧州連合本部
サイトを確
編集画面に戻る
このエントリーを保存する
検索 エントリー
取り消し
海外視察2006　EU　欧州連合本部
peace
security
cooperation (economic and political)
one voice/ weight on the
international level
EUの情報化についての現状と今後の展望を探るべく、欧州連合本部の視察を行いました。ベルギーの首都ブリュッセルにには、欧州連合本部・欧州委員会・欧州理事会といったEUの主要機関が置かれています。ブリュッセルは地理的に、「ヨーロッパのへそ」と呼ばれていますが、政治的・経済的にもヨーロッパの中心なのです。
<映像によるレポートはこちら>
初めに、EUの成り立ちと、現状についてのレクチャーを受け、続いて情報化政策の話を伺った。
・EU設立までの流れ
第二次世界大戦後、フランス外相シューマンによる「シューマン＝プラン」をもとにECSC(欧州石炭鉄鋼共同体)、EEC(欧州経済共同体)、EURATOM(欧州原子力共同体)が次々に設立され、ヨーロッパ全体の協力意識が高まって行った。1967年にはEC(ヨーロッパ共同体)が発足。後に単一欧州議定書の発行を受け、国境を次々に廃止し、単一市場の形成が始まった。
1992年のマーストリヒト条約にて共通外交・欧州市民権・単一通貨制度の三つの目標が定まると、この結果ECがさらに発展し翌年1993年に「EU(欧州連合)」が発足。2002年に統一通貨「ユーロ」が発行され、2004年にはさらに10カ国が加盟。現在は25カ国で形成されている。来年にはルーマニア・ブルガリアが加盟予定であり、EUは更なる発展をする。しかしその一方で、世論調査でのEU加盟によるメリットは下降気味となっている。速すぎる拡大スピード、加盟国間の経済格差により市民は懐疑的になっているのだ。これらの問題に対しEUは各国との密な話し合いにより解決を見出し、格差が均一になるよう経済援助を行い、協力体制を敷くとの答えであった。
現在EUは欧州条約の憲法化について議論が進められている。欧州条約の憲法化が実現出来れば市民にEUをより身近に感じ、さらに透明性が増すということで多くの国が批准している。
・EUの情報通信政策について

ブログのプレビューの様子。最終的に出力されるページとは違い、写真や文字要素がどの様に表示されるかの確認となっている。

ブログというサービスは、文章作成からページへの出力までのワンパッケージのソフトと言える。

2-2-2　ブログの多機能性

インターネット上に存在する様々なブログをみていると、音楽が聴けるページがあったり、映像が再生できるページがあったりと、多彩なページがある。実際に本書においても、音声コンテンツの作成や映像コンテンツの作成についてみていくし、その成果物をブログに掲載することを前提としている。しかしながら、現在のブログ単体では、映像や音声コンテンツを作成することは出来ない。

「Microsoft Word」との比較例でみたように、ブログはあくまで文章作成から出力された記事を管理するツールであり、「Microsoft Word」に、手の込んだ表計算結果を乗せようと思えば、「Microsoft Excel」を利用する必要があるし、写真を貼り込むには自分で画像を用意してやる必要がある。その画像も加工が必要になれば、画像加工のソフトを利用する必要がある。

ブログも、画像や音声や映像というものを貼り込み、表示する事はできるが、それらを作成するツールではないということを認識する必要がある。

一方で、ブログは記事管理に関しては非常に多機能なものとなっている。ブログでは、一度記事を投稿すれば、自動的に“トップページ”や“月別のページ”、また、カテゴリやタグを設定した場合は“同一カテゴリのページ”“同一タグのページ”等が生成される。これら、一度の記事投稿で、それぞれのページを作るといった処理は、次ページの図のように全てサーバー側によって自動的に行われている。

ブログの記事作成・管理の仕組み

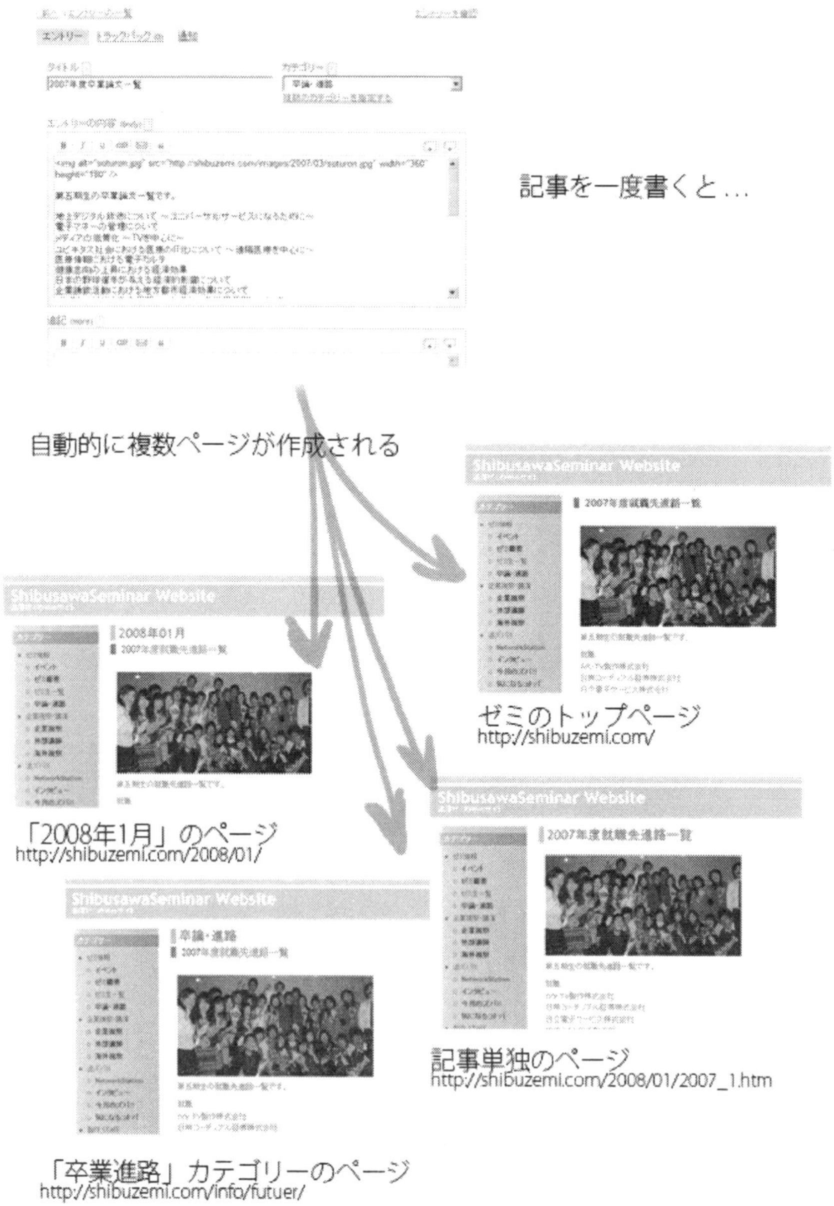
記事を一度書くと…
自動的に複数ページが作成される
ShibusawaSeminar Website
2007年度就職先進路一覧
ゼミのトップページ
http://shibuzemi.com/
2008年01月
「2008年1月」のページ
http://shibuzemi.com/2008/01/
記事単独のページ
http://shibuzemi.com/2008/01/2007_1.htm
卒論・進路
「卒業進路」カテゴリーのページ
http://shibuzemi.com/info/futuer/

　こうしたことが実現可能な理由は、記事などのデータの管理の仕方にある。私たちが普段ブラウザを通してみるサイトそのものは、ブログによって最終的に出力されたものだが、サーバー上では各記事のテキストなどのデータと、デザイン要素は別々に管理されているので、例えば全ページのデザインを変える、という、全てのページを自分で作った場合ではなかなか容易に行うことのできない作業もサーバー側の処理によって行われる。

　また、ブログのサービスによっては携帯電話からの投稿や、携帯電話で見た場合容量の軽い簡易ページへ自動的に誘導してくれると言った、様々なサービスの追加を行いやすい点も人気の要因であり、高いメンテナンス性と大きな拡張性が人気の背景にある。

2−3　利用しやすいサイトとは

注目を集めるブログを作成するには、中身の充実はもとより、サイトそのものが扱いやすいものでなくてはならない。先の項でみたように、ブログは記事投稿の際に、自動的にある程度のカテゴライズをすませてくれるが、より使いやすいブログにするためには、工夫も必要となる。ここでは、利用しやすいサイトにとても大切な「カテゴリとタグ」「フィード」「検索」の三項目について確認する。

2-3-1　カテゴリとタグ

利用者が多くのブログ内の記事の中から記事を探そうとした時に、まず利用すると思われる項目は「メニュー」から探す、という行為である。メニューとは多くの場合、「組織沿革」であったり、「イベント予定」「スタッフの声」であったりと大枠を指し示すものであるから、利用者はそこに並ぶ文字の中から、自分の読みたい記事が含まれるであろうメニューを想像しながら見つけ出すことになる。

ブログでは、このメニューに当たるものを「カテゴリ」として管理していて、記事作成の際に、この記事がどのカテゴリになるのかを指定する。これによって、記事を一つ書くだけで、トップページ用の記事であったり、各カテゴリ用の記事であったりと適宜出力される。

ブログを運営していると、そうした「カテゴリ」をそもそもどう設置するかという、カテゴリ分けに悩むことも少なくない。カテゴリはあまり細分化しすぎると、訪れた人がどの記事がどのカテゴリにあるのか判らなくなるし、カテゴリの名称がそもそも抽象的すぎるとそのカテゴリにどの様な記事が含まれているか判らなくなる。また、カテゴリを後から足すと、既に別のカテゴリに含めていた記事まで、分類し直さなくてはならない。なので、カテゴリはどうしても最大公約数的な作り方になってしまうことが多い。しかしそれでは記事を見つける事が難しくなってしまい……というジレンマに陥る。そうした時に利用したいのが「タグ」の割り当てである。「タグ」はその言葉からも判るように、荷物つける荷札のように、その記事に関する「キーワード」を設定する。タグはいくつでも設定できることが出来るので、考え得るキーワードを出来るだけ設定した方が後々便利なものとなる。

　このカテゴリ分けとタグ付けの概念の違いが理解しにくい場合は、操作を写真の分類に見立てるといいだろう。イメージとしては、カテゴリはPCのファイル操作でいう「フォルダ」を作る事に近いといえる。「旅行」「視察」「プライベート」というフォルダを作成し、写真を分類して入れたとする。

イメージ

写真には撮影時点で撮影日時やどの様な設定で撮影したか等は記録されているため、たとえ分類した後でも、5月に撮影した写真だけを検索して見つけることは可能だが、そこに誰が写っているのか、どこで撮影したのか、等の情報は含まれていないので、「友人の高橋君と有田君」が写っている写真や「ニューヨーク」の写真を検索で見つけることは出来ない。そこで、写真を整理する際にタグをつけることにする。Windows Vista 等では標準で写真に対してタグを設定できる機能があるため、簡単に利用できる。

Windows Vistaのタグ付け

このように、写真にタグさえついていれば、全ての写真が同じフォルダに入っていても必要なときに検索で見つければいい、となるので、事前のカテゴリ分けも不要に感じるかもしれない。こうした考え方は昨今の検索エンジンや、iPod 等で主に利用する音楽管理ソフトの『iTunes』で採用されている。iTunes は登場当時のライバル音楽管理ソフトが「アルバム」単位で楽曲管理にこだわったのに対し、iTunes は「プレイリスト」と呼ばれるタグで管理する方法を採用し、その使い勝手のよさから主流の音楽管理ソフトとなった。

ブログの管理に限らず、「カテゴリ」分けと「タグ」付けの習慣は身につけておくと便利なので、活用することを推奨する。

2-3-2　フィードの配信

フィードとは、簡単に言えば、「更新を通知する仕組み」だが、少し難しい概念であるので、利用者、発信者の両面でサイト更新時の動きを考えてみると解りやすい。

利用者は、サイトがいつ更新されるか、通常は分からない。毎月5日に更新、や毎週木曜日に更新、という決まり事が決まっていれば分かるが、個人のブログの日常エピソード的な投稿や、緊急告知の類の情報は事前に知る術がない。

一方の発信者は、サイトを更新したことを、利用者に知ってもらう手段がない。同様に、毎月5日に更新といえばその日には見に来てもらえるかもしれないが、例えば緊急でイベントを行うとした時に、その情報を掲載したとしても、そのことを伝える術はない。

これらの需要と供給を繋ぐ仕組みとしては、メールがあるといえる。しかし、緊急の記事や、その場限りのお得な情報であれば即時に知りたいと思うかもしれないが、利用者からすると、常日頃の何気ない記事まで更新通知がメールで来ると、かえって面倒に感じるかもしれない。そうした中で、便利な仕組みとして登場したのが「フィード」である。

ブログの普及によって、多くの人々がブログを展開する時代となった。利用者にしてみれば、友人のブログや、アーティストのブログから企業のブログまで、気になるブログがたくさんある場合、困ることは巡回に時間がかかると言うことである。もし全てのブログが毎日同じ時間に更新されるのであれば、見に行っても更新されていない、等と言うことは無いが、実際には個人のブログ等では更新は不定期であり、なかなか更新と同時に見に行くには難しいものがある。そうした時に便利なサービスとして利用されているのが、フィードリーダーである。

フィードリーダーの例

フィードリーダーとは、様々なサイトが公開しているフィードを監視するサービスである。フィードは、RSS（Rich Site Summary）、Atom など様々な呼称があるが、大義ではサイトの記事の見出し、要約文(或いは本文)、記事の更新時刻などの「メタデータ」を構造化して記述したもので、基本的にサイトが更新されると自動的にフィードも更新される。つまり、サイト運営者がサイトを更新すると、フィード情報も更新されるので、利用者はフィードリーダーを通じてフィードを監視しておけば、そのサイトの更新情報や記事の見出し、本文や要約を知ることができる。

よって、利用者はフィードリーダーにブログを登録することで、フィードリーダーをゲートウェイとして、更新されたブログのみを知ることができる。

基本的に、ブログと呼ばれる仕組みをもつものは、記事更新の際に同時にフィードを更新するので、意識せずともフィードは最新の状態で配信されている。ここで気をつけなくてはならないのが、そのフィードの設定だ。

フィードは説明の通り、記事の見出しと本文を「一部」「要約」「全文」の何れかで配信する。この設定をしっかりしておかなくては、「フィードを全文配信していて、利用者はフィードリーダー上で読み終わるので誰もサイトまで来なくなった」ということも発生してしまう。無論、サイトまで足を運んでもらわずとも記事さえ読んでもらえばいい、という類のブログであれば、全文配信しても構わない。(shibuzemi.com ではフィードでも全文配信している）サイトの性格や、用途に合わせてフィードの設定を的確に行うよう心がけることが重要である。

2-3-3　フィードリーダーを有効活用する

フィードがどのように利用されているかを知るためには、実際に利用してみるのが一番早いし、とても便利なサービスであるので、利用して損は無い。

フィードを配信しているサイトはブログに限らず、ニュースサイトや気象情報サイト、価格情報サイト等多岐に渡るので、自分の好みに合わせてサイトを登録する事が望ましいだろう。ただし、ニュースサイトは更新頻度が早く量も多いため、うまく利用する必要がある。

サイトによっては、全文配信されているサイトもあるので、全てのサイトを訪れる必要が無くなる分、Webの巡回時間を効率的に利用できる。また、フィードリーダーには実に多彩な種類が存在している。以下にほんの一例をあげたので、自分に合ったフィードリーダーを見つけ、利用するのが望ましい。多くの場合、フィードリーダーを乗り換えても登録したフィードを引き継ぐことができるので、積極的にいろいろなフィードリーダーを実践してみるといいだろう。

フィードサービスリスト

ヤフー、RSSリーダー

http://my.yahoo.co.jp/promo_jp/rss_reader/index.html

so-net rss リーダー

http://www.so-net.ne.jp/rss/

livedoor Reader

http://reader.livedoor.com/reader/

Web Fish - Excite:エキサイトリーダー

http://reader.excite.co.jp/

Bloglines

http://www.bloglines.com/

FEEDBRINGER.net

http://feedbringer.net/

goo RSSリーダー

http://reader.goo.ne.jp/

はてなRSS

http://r.hatena.ne.jp/

このほか、インターネットエクスプローラー上で動作する『RSSバー』もある。

http://darksky.biz/

サーバーをレンタルしている場合等では、サーバーインストール型の RSSリーダーである『フレッシュリーダー』も軽快な動作から人気である。

http://www.freshreader.com/

2-3-4　検索

前述のように「フィード・カテゴリ・タグ」の設定を実践すれば、利用者がフィードを基にサイトの記事までやってきたり、ブログの中からの記事を探すときに、カテゴリといったメニューで辿ったりすることになる。だが、利用者が以前見た覚えはあるものの、どこにあるのかよくわからない記事、全記事の中から特定の人物に関する記事だけを俯瞰したい、と言ったときに、「フィード・カテゴリ・タグ」だけではニーズに対応できない場合がある。

目的のキーワードが決まっている場合、検索したほうが早くたどりつくこともあるので、そうした時のために、検索ボックスを設置して置くことが望ましい。

2-3-5　ブログの仕組み、CMS

CMSとは、Contents Management Systemの略で、Web上のコンテンツ管理システムを指し、ブログもこの中に含まれる。ブログの仕組みで見た様に、現在Webサイトの構築は、管理部分をサーバーが担うことが多くなった。これはWebサーバーの性能が向上したことによる部分が大きいわけだが、これにより、サイトの運営において、システム面の構造を深く知らずとも効率的にサイトを更新することが可能となった。ブログはサーバー管理の知識を必要としない手軽さから普及したように、CMSがシステム面の作業を大幅に簡略化した恩恵は非常に大きいものがある。

特に、企業サイトにおいては規模が大きければ膨大な数のコンテンツが提供されるし、ニュースサイトであればページ内に含まれる最新記事へのリンクをその都度手動で変更することは現実的では無い。

こうした最新記事へのリンクやRSSの提供を自動的に行ってくれるCMSだが、サイトの運営規模によって利用されるCMSは異なる。

一般的に、Weblogで利用されているCMSはシックス・アパート社がプロバイダー向けに提供している『Type Pad』や個人でも利用が可能な『Movable Type』等があり、『Movable Type』は個人が自分のサーバーにインストールして利用する事例も数多く見られる。『Movable Type』等のCMSは、「モジュール」や「プラグイン」を追加することで様々な拡張を行うことが可能なので、『Movable Type』でWeblog管理を行う個人が好みに応じて自分にあった機能を追加したサイト運営を行っている。

CMSは数多く存在しているが、個人が利用しているものでは、記事執筆機能以外にコミュニティでのやりとり等を重視し、標準で会議室機能などを備える『XOOPS』の他『Wikipedia』等で採用されている、複数人が一つの項目を書き加え更新していくことに向いた『Wiki』、また、昨今勢いのある『Word Press』等がある。CMSは他のCMSからの記事などのインポート機能も備えているから、普通のプロバイダーやポータルサイトが提供するWeblogに物足りなさを感じている場合は、挑戦してみると勉強になるし、よりオリジナリティのあるサイトを展開することが可能となる。

2−4　スムーズな運営

2-4-1　更新体制

Web サイトを運営する上で大切なことは、定期的に更新を行うということである。組織やグループができると同時に、ホームページを立ち上げたはいいが、更新されない、または、年度で人間がガラッと変わり、引き継ぎがしっかりと行われず誰も更新できなくなった、などといった事例は、従来にもよく発生していた。

ブログは、そのあたり簡便な仕組みであるので、よほど凝った作りをしない限りは更新までの労力が大きいということはない。しかし、更新が簡便だからと言って、更新が続くかといえばそれは別問題である。

更新を続けるということは、記事を執筆し続ける必要があるということである。そのためには、記事を書き続ける体制が必要となる。

大企業であれば、専門の人員を配置し、また更新のシステム的な面のみにかかわる人員も配置し、ということが可能であるが、小規模組織において、それは難しい場合が想定されるから、多くの場合、何かしらの役目と兼務する形になる。その場合、以下の 2 パターンの更新体制が考えられる。

パターン1

全員が記事を投稿可能とし、校正役を置く。チェックを通り次第公開する。

メリット：誰もが記事を投稿できるので、全体的なボリュームが期待される

デメリット：公開スケジュールが厳密でなくては、公開時期に偏りが出る
誰かがやるだろうと、誰もやらずなれ合い、「なあなあ」の状態になる。

パターン 2

記事担当者を決め、担当者で執筆と更新を続ける

メリット：全体像を把握しやすい。クオリティの均一化。

デメリット：更新数に限界がある。一人あたりの負担が大きい。

上記2パターンを想定した時に、自分たちの組織にどちらが向いているかを考えることが肝心である。自主性にゆだねる分、後者のほうが安定感はあるかもしれないが、旗振り役の信頼が厚ければ前者でも機能するといえる。

コラム：ルール

関西出身の人と横断歩道で信号待ちをしていると、「こんな交通量の少ないところで信号待つなんて考えられない」と文句を言っていた。電車を待つときにもきちんと縦に並ぶ東京に対して大阪では並列に並んでいる。東京にずっと住んでいる人からみればルールを守らない人が多いし、短気なのでは？　と思うだろう。交通系電子マネーでも東京は初乗り分がチャージしてないとゲートは開かないが、大阪はそうではない。エスカレーターも右から抜くのは東京で、大阪は逆になっている。東京は首都であり、日本の中心であるが、一歩海外へでてみれば大阪のルールが世界のルールであることに気がつくのである。

第3章　メールマガジンを配信する

3−1　スムーズな情報共有ツールとしてのe-mail

インターネットを通じた情報発信は、何もWebサイトの運営だけではない。情報のやり取りの普遍的なツールとして用いられているe-mailを利用して、スムーズな情報共有の達成を目標とする。ただし、ここで取り扱うのはただのメールではなく、メールマガジンを用いた事例である。

メールマガジンというと、自サイトを訪れてくれる人に対し、サイトの更新情報であったり、イベントの告知であったり、というお報らせ的な意味合いを持ったものが世の中にはたくさん存在している。しかし、そうしたメールはほとんど読まれることなく削除されるし、むしろ、購読者に対し不快な感情をもたらすことさえある。

また、何もメールマガジンは外部向けに利用するだけでなく、特に小規模な組織では、組織内での情報共有ツールとして有効利用することがお勧めである。

本章では、組織内でメールマガジンを行う場合と、外部向けにメールマガジンを行う場合の事例を見ていく。また、サーバーの利用法についても併せて学ぶ。

3−2　Push と Pull

Web サイトなど、インターネット上に情報を見に来てもらう動作は利用者からすると、一般的に“Pull”と言われる。文字通り、情報を引き出す動作である。一方、メールマガジンのように、一斉に情報を届ける手段は利用者からすると“Push”、押し出される形になる。

Pull は利用者にとっては能動的な動作となるし、Push は利用者にとって受動的な動作となる。Web サイトは、第1章で見たように、「知りたい」情報を継続的に提供していかなくてはならない。では、一方的に配信されるメールマガジンでは、どのような情報提供が必要となるだろうか。

それは読み手に「ブレイクタイム」「休息の時間」を提供し、行く行くは「ファン」になってもらうことである。

小規模な組織がメールマガジンを行うことで大切なことは、利用者がメールを利用する時間内で、「読んでもいいかな」という「ブレイクタイム」としての役割を認識してもらうということ、メールマガジンの「ファン」を作ることである。受け手にとっては、きっと、仕事やプライベートなやり取りのメールの中にあるメールであるから、硬い内容の情報だけのメールでは読むことに対して、面倒だ、という気分を抱かせるかもしれない。

その中に、ためになる情報があれば、利用者はきっと得をした気分になるのではないだろうか。

また、メールマガジンが「ただの広告メール」と一度認識されてしまえば、その人が例え受信していたとしていても、ほとんど読まれることはなくなり、受信と同時にゴミ箱行きといったこともありえる。

3−3　組織内の情報共有としてのメールマガジン

小規模な組織の場合、情報共有をいかに行うかは悩みの種である。組織内のグループ間のやりとりは、どうしても各グループの代表者など一部の人だけが把握することで精一杯であったり、情報共有から断絶されているグループが発生したりということも少なくないし、その結果、自分たちだけが知らない、知らされていない、といった軋轢の種にもなりかねない。

Web サイトを運営しているのであるから、インターネット上に情報を置いて、アクセスしてもらうことで情報を共有することも可能であるが、その場合、運営しているサイトと別個に内部向けのページを用意しなくてはならなくなるし、多くの場合、そうしたページ運営にリソースを割く人的余裕はない。

この場合有効なのが、組織内の情報共有ツールとして組織内に対してメールマガジンを配信するということである。主目的は組織内の情報共有であるが、なるべく堅苦しいものではなく、コミュニティを大きくする、コミュニケーションを促進させるという認識の下メールマガジンを作成し、受け取った人がそのメールマガジン全体を見渡せば、今の組織全体の雰囲気が伝わるものでなくてはならない。

そのためには、いかにただの業務連絡であったり、やったことの報告リストであったりというものにしないかを念頭に置き、かかわる人間の個性をなるべく前面に出したものにしていく必要がある。そうすれば、メールマガジンを見渡すことで、組織内の各グループの動向がわかるだけでなく、互いの意見交換がよりスムーズになるだろう。

ただし、メールマガジンを通じてディスカッションを行うことは推奨しない。メールマガジンの設定のよっては、購読者全員に対し返信することができ、それに対してさらに返信することも出来る。本来少人数でメールのやり取りを共有する場合、こうした「メーリングリスト」としての機能は有効であるが、メールマガジンにおいては必ずしもそうとは言えない。

おもに２、３人のやり取りが過激化していった結果、その内容を逐一メーリングリスト購読者すべてが見なくてはならなくなる、という事態は避けるためにも、メールマガジンの配信の設定は意味あるものとして行う様心がけたい。

3−4　外部向けメールマガジン

メールマガジンの価値

外部向けにメールマガジンを配信する上でもっとも大切な点は、それ自体が価値あるものではなくてはならない、という点である。しかし一方で、その価値は「ためになる」だけではないということを認識しておく必要がある。現代の情報化社会において、メールは必須ツールであるし、1日に処理するメールの量によっては、広告メールはなるべく回避したいという人も少なくない。たくさんのメールのやり取りの中で、自分たちのメールマガジンを受け取ってもらい、読んでもらう事は、ただこちらの告知を届けるだけでは難しいのである。

小規模な組織が外部に向けてメールマガジンを配信する場合、多くの事例で、その組織のことをもっと知ってもらいたい、その組織のことを好きになってもらいたい、等が目的の場合が多いわけであるが、しかしながらすでに自サイトを運営している場合、メールマガジンにおいてどういった情報を掲載すればいいかという問題は簡単には解けない。

メールマガジンを読んだ結果、自サイトに動員を増やしたいのであれば、中身は自サイトと競合するものであってはならないし、かといって、組織からあまりにもかけ離れた内容ばかりを取り扱うわけにもいかない。 では、Webサイトの情報発信と、メールマガジンの情報発信とでは何が異なり、また何を差異化すべきなのだろうか。

ここで、もう一度、「Push」と「Pull」という観点に立ってみる。Webの情報は利用者が「Pull」、引き出した結果であるから、はじめからある程度読みたいとか、読もうかな、という意図をもって記事を読んだり、コンテンツを閲覧したりする。そうした意味では記事やコンテンツの中身は多少は専門的なものであったり、間口が狭いものであったりとなる場合もあるだろう。しかしメールは「Push」されるわけであるから、あらかじめ間口が広くなくてはならない。この違いは情報発信をする上でとても大切である。

新聞をイメージした時に、ニュース、社説・コラム、スポーツ記事、三面記事、読み物として漫画、投稿・投書の場とさまざまなコーナーがあり、これらが一つの媒体となって毎日配達されてくる。私たちが外部に向けてメールマガジンを通じ情報を発信する場合、担うべき役割は読み物としてのスタンスを主に置くことが大切である。

自分たちの組織を好きになってもらう上では、ある程度、内部の舞台裏的な話もあっていいと考える。人間味ある一面が伝わるエピソードやコーナーを設けて、もっと組織のことを知ってもらう必要がある。

これらを踏まえた上で、本当に伝えたい情報、自サイトの更新情報やイベントの告知などは、そっと添えて、興味を持ってもらう程度にとどめるようにする。もちろん、それ自体を前面に押し出す回があってもかまわないが、毎回毎回自分たちの宣伝ばかりだと、結局のところ広告が目的かという印象を与えかねないので、その配分を心がけるようにしたい。

3−5　利用にあたって

本書では「さくらインターネット」「ロリポップ」等の「レンタルサーバーサービス」の利用を前提としている箇所があるが、これらのレンタルサーバーサービスでは、メーリングリストやメールマガジン機能を標準で提供している。

「さくらインターネット」では？

さくらインターネットでは「メーリングリスト」サービスをスタンダードコース以上のサービスで利用することが可能で最大10のメーリングリストが設置できるが、メールマガジンとしての利用は推奨していない。（2008年６月現在）

「ロリポップ」では？

ロリポップで設置できるメールマガジンは５つ、一つに300件の配信先メールアドレスを登録できる。（2008年６月現在）

特に注意しなくてはならないのは、ダイレクトメールの概念である。何がダイレクトメールとされるかをレンタルサーバーの決まりを通してみてみる。

さくらインターネットでは約款第16条（禁止事項）に「勧誘メール・迷惑メール・いわゆるスパムメール目的として本メーリングリストの利用は固く禁止」とあり、発見次第アカウントが抹消される。一方、ロリポップでは、１時間あたり300件、もしくは１日あたり3,000件を超えるメール送信行為、スパムメール等のメール送信行為（ロリポップサーバー以外から送信したスパムメール内にロリポップ提供サーバーの URL を記載する行為）を禁止している。

また、ロリポップを運営する株式会社 paperboy&co では、以下の内容を具体的に禁止している。

- 「特定商取引に関する法律」に抵触するメールの送信
- 「特定電子メールの送信の適正化等に関する法律」に抵触するメールの送信

・一度に多数のアドレスへ対するメール送信
・特定・不特定に拘らず無差別に行うメール送信
・ヘッダー情報が偽造されているメールの送信
・大量メールや無差別メールの送信を目的としているコンテンツ
・他社サーバーを利用したものでも、弊社提供のURLが記載されたSPAMメールの送信
・メールアドレス収集を目的としたメールの送信行為
・以上の項目を助長また類似する内容の運営・宣伝・広告

ダイレクトメールを送る行為は、結果的にレンタルサーバーを共用する他の利用者にまで迷惑が及んでしまうので、公正な利用を心がけたい。

コラム：疑似通貨

TVのCMを見ていると、家電量販店などで「ポイント還元」などという言葉をよく聞く。

いまやEdy、Suica、nanacoなど、多くの電子マネーが私たちの生活の中にある。電子マネー利用でポイントを発行している企業も多い。しかしそのポイント発行により、企業の損得はわからなくなっている。

実際に、決算処理を行った企業では7700万円の特別損失を計上したということだ。日本企業が発行したポイントの残高は一兆円を上回ると言われている。しかしながら、実態をつかむことができないのが疑似通貨の恐ろしいところである。

政経の教科書では「通貨の番人」である日銀と書かれているが、次世代の「通貨の番人」はJR東日本かビットワレットになるのかもしれない。

第4章　インターネットラジオを配信する

4−1　インターネットラジオ

4-1-1　インターネットラジオのはじまり

インターネットの普及期から、映像コンテンツなどに比べて、比較的音声コンテンツは容量が少ないことから多くの場で利用されてきた。特に、音声を圧縮する技術、MP3 が利用されるようになってからは、インターネット上で音楽が数多く共有されるようになった。

インターネットでは瞬時に世界中と情報を共有することができる。従来は電波を使い放送という形でしか運営できなかったラジオも、インターネットでは同様の事を誰もが簡単に始める事ができるようになったことで、インターネットラジオ局が数多く誕生することになった。

4-1-2　インターネットラジオの配信形態

インターネットラジオが指し示す範囲はとても広範囲であるが、リアルタイムで発信さるか否かの大きく二つに大別される。

リアルタイム配信

リアルタイムで配信されるラジオは、基本的に「ストリーミング」といわれる、独自プロトコルを用い配信する仕組みを利用し、帯域の負担をなるべく減らすべく運用される。リアルタイム配信のメリットは生放送が行える点、ストリーミングのメリットは同時多数のアクセスに向く点、と言えるから、音楽などのライブの模様を生放送で伝える際に効果的である。また、編集の手間を省きたい番組に向くが、その分準備は大変である。また、生放送を行えるサービスを提供しているところもあるが、全て自前でやるとなると手間とコストがかかる。

非リアルタイム配信

非リアルタイム配信は、基本的に番組内容をMP3などの形式で1ファイルとして固め、それをダウンロードして聞いてもらうといった仕組みである。また、収録した内容を公開する際にあまりに同時多重にアクセスがあり負荷が大きいと考えられる場合は収録番組であってもストリーミングで配信される場合もある。

メリットは、発信側は何より手軽に始めることができる点、利用者にとってはいつでも時間の制約にとらわれず聞いてもらうことができる点、番組内を自在に早送りしたり巻き戻ししたり、聞きたいところから聞いてもらえる点にある。

基本的にダウンロードして聞くわけであるから、ファイルと言う形でPCに残る。よってファイルを自分が持ち歩いている音楽プレイヤーや携帯電話に転送して好きな場所で好きな時に聞くことができる点は最大のメリットともいえ、現在世界的に圧倒的シェアを持つ「iPod」などは、その仕組みとして「ポッドキャスティング」と呼ばれる仕組みを正式に取り入れている。「ポッドキャスティング」は第2章で扱ったフィードの仕組みと音声配信を兼ね合わせた技術で、後に詳細を説明する。

4-1-3　音声コンテンツの種類とインターネットラジオの位置づけ

音声で伝えることのできる情報にはどのようなものがあるだろうか。普段流れてくるFMラジオ等では様々な情報が伝えられている。

- ニュース、交通や天気などの情報
- 取材先で録音したやりとり
- スポーツ中継

- スピーチ・講演など
- 演奏したり録音したりした音楽
- 演奏や演劇などのライブ
- ラジオドラマ

従来のラジオ放送では速報性を生かした生放送のものと、録音しておいたものが混在して展開されているが、もともと、多くのマスメディアは聞き手が保存をしないその場限りでの情報の消費を前提としている面があるから、比較的鮮度の高い情報発信の場としてのスタンスが高いと言えるし、その中で、保存したいものについては利用者側が独自にテープやMDで録音する、というように、送り手は送るだけ、受け手は必要なものだけを保存するといった両者の関係でやってきた。リアルタイムの、ストリーミングタイプのインターネットラジオはどちらかといえばそういった従来のラジオ放送に近い趣向が見受けられる。

一方、非リアルタイム型のインターネットラジオは、「いつでもどこでも」聞ける点が従来との最大の差違であり、その場合、そのコンテンツは公開日に聞いてもらえるか、それとも1ヶ月たって聞いてもらえるかは判らないので、「速報」を織り込んだところで、それを後になって聞いた人からすると「なぜいまさら」と感じることもあり得る。であるから、コンテンツ内容における優先度として観た時に、いつ聞いても楽しめるものを意識する必要がある。

4-1-4 ポッドキャスティング

ダウンロードして聞いてもらう非リアルタイム型のインターネットラジオにおいての課題は、「公開したタイミングで聞いてもらいたい」「公開したことを出来るだけ早く知って欲しい」という事である。公開日を決めておく事は大切だが、インターネットの巡回において、「毎月15日に」、或いは「毎週土曜日に」と足を運んでもらう習慣をつけてもらうことは難しいものがある。

この悩みは、2章のブログの項目で見た更新した記事をいかに知ってもらうか、という問題と同一のものである。

フィードが普及していく中で、こうしたインターネットラジオなどの音声コンテンツも配信していけるのではないか、ということで、その仕組みを取り入れたのが、iPod を使う上で利用する「iTunes」という音楽管理ソフトである。

iTunes はフィードの仕組みを用いて、直接公開されたインターネットラジオファイルを iTunes 上に取り込むので、iTunes を起動すれば利用者からみると常に番組の最新回が配信されている状態となる。そして、iPod をつなげば、自動的に iPod へ転送することができるから、外にも番組を持ち歩け、移動中の時間などに最新の番組を聴くことが可能である。

「ポッドキャスティング」の「ポッド」とは「iPod」の「Pod」、「iPodへキャスティング（放送）する」という意味から「ポッドキャスティング」と呼ばれるようになった。

iTunesの画面

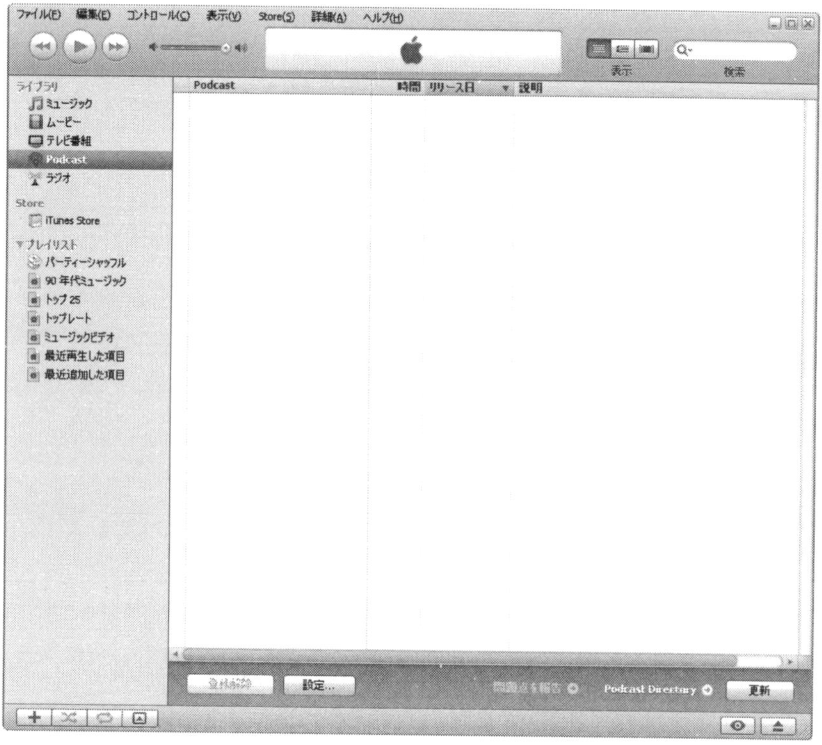

最初に Podcast 画面に切り替えると以下のメッセージが表示される。

iTunes
Podcast は、インターネット経由でダウンロードできるラジオ番組です。
[Podcast Directory] では、さまざまな Podcast が提供されています。
Podcast を登録すると、iTunes に新しいエピソードが自動的にダウンロードされます。
このメッセージを再度表示しない(D)
OK
[Podcast Directory] へ移動

この説明のように、iTunes とポッドキャスティングの親和性は非常に高いものがある。また、iTunes に限らず、今や多くの音楽管理ソフトウェアでは同様にポッドキャスティングを取り込むことが可能となった。

4−2　インターネットラジオと著作権

4-2-1　著作権の問題

こうして、今や多彩な配信手段を得ることになったインターネットラジオであるが、ネットラジオを運営する上で意識しなくてはならないのは、著作権侵害を行わない、ということである。せっかく苦労して仕上げた番組が、意味のない権利侵害を行うことで汚名を着せられてしまうことは大変もったいない話である。

特に、ネットワーク上ではファイルの複製と移動が容易に行えてしまう分、音楽に関する著作権侵害が頻発している。また、侵害するつもりはなくても、無意識に侵害している場合もある。どういった事例が音楽の著作権侵害になるのか、ここでは事例を通して見ていく。

自分で作曲し、演奏したオリジナル楽曲を録音して、番組内で利用する
→誰の権利も侵害しないので、問題は発生しない。

友人の演奏した楽曲を借りて、番組で利用する
→友人がその楽曲を著作権管理団体に登録していない限り、本人の許諾のみで利用できる。無断で利用してはならない。

好きなアーティストのCDの曲を流したい
→この場合、以下の2ケースが考えられる。

ケース1：アーティストのCDの音楽を自分で演奏して録音したものを番組内で利用する
→ケース1の場合、その楽曲が著作権管理団体JASRACに登録されている曲であれば、原則JASRACに使用料を支払うことで可能な場合が多い。
JASRACでは、インターネット・携帯電話などのネットワーク上での著

作権管理楽曲についてはJASRACのWeb申請窓口「J-TAKT」（次ページの図参照）を通じて利用可能か判るので調べた上で問題なければ権利料を支払い利用する。

J-TAKT　http://j-takt.jasrac.or.jp/

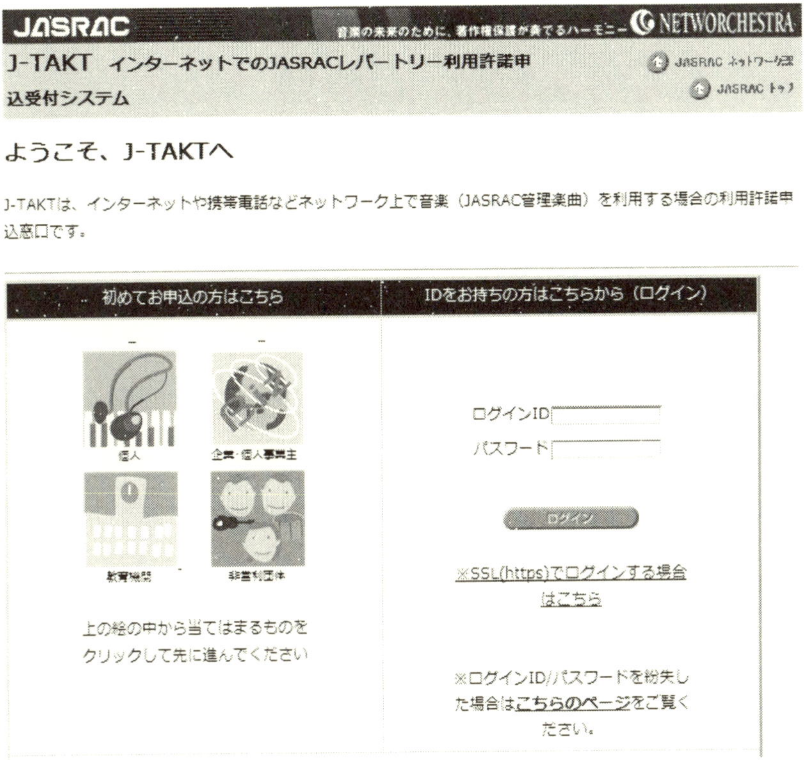

ケース２：アーティストのCDから音楽をパソコンに取り込み、番組内で利用する

→ケース１の様に、アーティストが作った楽曲を自分で演奏する分には権利使用料を支払うことで可能となる場合が多いが、CDの音源を利用する場合は事情が異なる。録音されCD化された音楽には、「作詞」「作曲」といった著作権の権利の他に、演奏した人の権利であったり、それを製作した音楽レーベルの権利であったりといった「著作隣接権」というものが付随

している。JASRACが管理しているのはあくまで「作詞」「作曲」に関する権利であり、これら「著作隣接権」の権利処理を行うことが現状では出来ない。テレビ局やラジオ局など大手メディアは多額の権利使用量をこれら「著作隣接権」を持つ人々にも支払うことで利用しているが、小さなネットラジオでのこれらCD音源の利用は難しい場合が現状では多い。

ライブで演奏された内容を録音し、番組内で流す

→その演奏が、自分が作詞作曲したもので且つ自分で演奏したものでない限り、利用を勧めない。上記のように、音楽には著作隣接権が発生する。後で勝手に利用していると主張されれば、権利侵害となってしまう。

インタビューをカフェなどで録音した際に、後ろに音楽が流れていて音が入ってしまった

→意図せずとも、これは権利侵害に繋がる行為であるから、そうした録音物は公開すべきでない。録音時から、なるべく無音の場所を探し録音するようにしたい。

事例を通してみたように、「著作権」がネックとなり、情報発信が阻害されるケースは少なくない。後からもめることにならないためにも、こうしたことを事前に熟知した上で制作に望みたい。

4-2-2　クリエイティブコモンズ

世の中に存在するすべての画像や音楽や映像が、すべて著作権管理団体の許諾を得なくては利用できないというわけではない。そもそも、現在の日本の法律では著作物が作られた瞬間に著作権は発生しているから、そのすべてを著作権管理団体に登録して管理するということは不可能に近い。

また、中には、自分の撮った写真を多くの人にホームページの素材として使ってほしい、自分の作った曲を多くの人に聞いてもらうためにいろいろな人のWebに掲載してほしい、という人もたくさんいる。「作ったものを自由に利用

してもらいたい」というニーズにこたえるためには、「このコンテンツは自由に利用してもらえます」というサインを掲げなくてはならない。

　そういった利用促進をはかるために生まれた概念が「クリエイティブコモンズ」である。

クリエイティブコモンズのWebサイト

http://www.creativecommons.jp/

クリエイティブコモンズの仕組み

　クリエイティブコモンズは、コンテンツの創作者が、自らのコンテンツをどの様に利用して欲しいかを決定し、以下のアイコンを掲示する。利用者は、作品に付与されているクリエイティブコモンズのアイコンを見て、そのコンテンツをどの様に利用できるかがわかる、という仕組みである。

「表示」

このアイコンがある場合、コンテンツを利用するにあたって創作者の指名、作品名など作品に関わる情報を表示しなくてはならない。

「非営利」

このアイコンがある場合、コンテンツを利用するにあたって作品を営利目的に利用することが出来ない。営利目的に利用したい場合は、創作者にコンタクトを取る必要がある。

「改変禁止」

このアイコンがある場合、コンテンツを利用するにあたっては、作品を改編することは出来ない。

「継承」

このアイコンがある場合、コンテンツを利用して新たなコンテンツを生み出すと言った二次創作を行った場合に、必ず元となるコンテンツのアイコンを継承したクリエイティブコモンズライセンスとしなくてはならない。

また、クリエイティブコモンズのWebサイトではクリエイティブコモンズライセンス作品を検索することも出来るので、どの様なものがライセンスされているか確認してみると理解が深まるものと考える。

クリエイティブコモンズの検索画面

YAHOO!
commercial
modify/adapt
Yahoo! CC 検索
Google
ライセンスによるフィルタ無し
Google CC 検索
Search
音
NeoM:rePublic 素材集
NiftyのCCライセンス・ベースのコンテンツ・ポータル NeoM の多様な素材がダウンロードできます、今まで楽曲，画像，映像，そしてMacromedia Flashのファイルがアップされています.
教育
早稲田大学OCW：シラバス検索
早稲田大学の科目・学部別のシラバスを検索し，教材にアクセスすることができます.
アート&エンタテインメント研究会
日本バーチャルリアリティ学会アート&エンタテインメント研究会（VRSJ SIGA+E）のホームページでは，研究者同士の議論や対話の記録などのテクストをCCライセンスで公開しています.
画像
NeoM:rePublic 素材集
NiftyのCCライセンス・ベースのコンテンツ・ポータル NeoM の多様な素材がダウンロードできます、今まで楽曲，画像，映像，そしてMacromedia Flashのファイルがアップされています.
フォト蔵：CCライセンス画像検索
日本の画像共有サービスによる，著作権別の画像検索ページです.
FlickrのCC画像
2000万件以上のCCライセンス付き画像を提供する米国のFlickr（フリッカー）
音
スピーチ
教育
シラバス
教材
画像
イラスト
デザイン
文章
ブログ
エッセイ
映像
アニメーション

音声に限らず、文章や映像まで自ら作成したものを多くの人に共有してもらいたい場合、クリエイティブコモンズを採用することでより効果的に利用してもらう機会を拡大できることを認識しておきたい。

4-2-3　インターネットラジオから音が消えた日

“Day of Silence”と題された2007年 6 月26日、米国のインターネットラジオ局は無音を流し続けた。従来米国のインターネットラジオ局はそれぞれの局の売り上げに応じて使用料を支払ってきたが、これを聴取回数に応じた支払いへの転換を決めた著作権管理団体に対する抗議行動として展開されたキャンペーンであった。

アメリカではそれまで比較的安価に著作権楽曲を利用できることもあり、様々なインターネットラジオ局が開局され、著作権楽曲も利用されてきたが、本章でみた様に日本の場合は事情が異なり、著作権料を支払っても CD 等の音源の音楽は利用できないので、なかなか小さなインターネットラジオ局では好きなアーティスト楽曲を利用することが難しい現状が続いている。

一方の米国でも、この改正のタイミングを機に世界中で聴くことのできたラジオ番組が、他国から聴けなくなってしまうケースが発生した。インターネットに国境が存在することになったのである。著作権の保護と利用者の利便性、そして多くの人に聞いてもらうための仕組みと著作権者の利益のバランスがどういったものがいいのか、世界的にも答えは出ていない。

4−3　ファイル共有による効率化

4-3-1　録音物の共有

録音された音声は「WAV」や「MP 3」等の音声ファイルとして保存される。編集に辺り、それぞれの班の素材がそれぞれのレコーダーやPC等に分散していては効率が悪い、ということも発生する。オンラインストレージを積極的に利用して、ファイルを共有することで、素材をネットワークからダウンロードしてメンバー間の誰もが確認することが可能となる。これは、編集の効率化に繋がるだけでなく、他の班がどの様な素材を収録しているか等も確認することが出来るため、効率がよくなる。

4-3-2　Windows Live SkyDrive

ここではWindowsの開発を行うMicrosoftのWebサービス、Windows Liveにおいて提供されているWindows Live SkyDriveについてみてみる。Windows Live SkyDriveはMicrosoftが提供するオンラインのストレージサービスで、日本における正式サービスが2008年2月に開始され、2008年6月現在で5 GBもの容量を利用することが可能である。MicrosoftのWebメールサービス、Hotmailを利用していたり、Windows Liveアカウントを持っていたりすれば、直ぐに利用することができる。

クリエイティブコモンズの検索画面

4-3-3　オンラインストレージ

オンラインストレージとは、ネットワーク上に存在する保存領域の事で、USBメモリや携帯電話に挿入し利用している各種SDカード等のリムーバブルメディアが、そのままネットワーク上に存在しているイメージである。オンラインストレージのメリットは、幾つかあげられる。仮にPC上に保存してあるファイルが欠損したり、もしくはPC自体が故障したりして動かなくなったとしても、オンライン上にファイルがバックアップされていれば無くなってしまうということがない。貴重なインタビュー素材の音声ファイルなど、無くなってしまうと二度と取り戻せないものも、バックアップしておけば安心である。

オンラインストレージが便利な点は、ネットワーク上に存在するため、様々な機器からアクセスすることができる点である。インタビューの書きおこしをするなどして、自宅で書きかけの文章をオンラインストレージに保存してから家を出て、大学の PC からインターネットにアクセスしてそのファイルを開いて続きを書き進める、と言うことも可能であるし、利用した PC に差したままで USB メモリを置き忘れるといった心配もなくなる。また、録音した素材の内容を急に確認しなくてはならなくなった、という場合でもインターネット環境さえあれば確認できる。

Windows Live SkyDrive に限らず、多くのオンラインストレージは、ファイルを共有する設定を備えている。例えばゼミのグループワークや NPO の講演などで利用する資料を共有すれば、逐一メンバーに添付ファイルを送る必要も無くなる。

Google Document 等のオンラインの文書作成アプリケーションは書類そのものを共有する様に設計されているが、SkyDrive は私達が普段利用しているフォルダそのものを共有する概念である。

　共有の条件は、自分だけが閲覧したり、指定したメンバーだけが閲覧できたり、メンバーによってファイルの変更を許可する等、細かく設定出来るので、用途に合わせて利用できる。ネットラジオの運営においては、班毎のフォルダを相互に共有し合う形が効率的だろう。

共有範囲の設定画面

第5章　映像を配信する

5−1　映像配信が可能な時代に

光ファイバーの普及率がついにADSLを抜いた日本。いよいよ、誰もが映像を簡便に受け取ることのできる時代が近くまでやってきている。しかし、映像というと、文字や音声・写真に比べて、作成するのが難しいというイメージを持っている人も少なくないと思う。本章では、現在ネットワークでやりとりされている映像について、実際にどのような映像が情報発信として行うのに適しているのかを見ていく。

5－2　規模と用途を決める

映像配信、といっても、映像で出来ることには第 4 章で見たラジオ以上に実に様々なジャンルが想定される。ニュース、教養番組、ワイドショー、トーク番組、音楽番組、映画、お笑い、実に様々である。しかし、特に小規模な組織で映像を配信していく上で大切な事は、ただ漠然と映像を配信すると決めるのではなく、また、映像を配信しておけばアクセスが増える、というものではないということを認識しておかなくてはならない。

映像は、何の計画もなしに制作を始めると、手間もコストも時間も何重にもかかってしまう。特に時間的制約の無いインターネットコンテンツではいくらでも長くできてしまうし、いつまでも作れてしまうので、まず「誰に向けて配信するのか」、それを「どの様に見てもらいたいのか」、そしてそれを実現するには「どの程度の規模におさめれば可能か」、という 3 点に関して注意しなくてはならない。

「誰に向けて配信するのか」については、ゼミや NPO 等、小規模組織で情報発信をする上では、対象は自分たちの組織に興味を持ってくれる人、となる。であるから、おのおのの組織の特色を理解してくれたり、興味を持ってくれたり、あるいは目的を共通とする人々に共感してもらわなくてはならない。

「どの様に見てもらいたいのか」については、組織を知ってもらいたいのであれば、厳格なイメージを持ってもらいたいのか、あまり固いイメージでない方がいいのか、考える必要があるし、それに応じて映像配信のジャンルも自ずと変わる。また、映像を通じて伝える情報の内容によっても同様のことが言える。

「どの程度の規模におさめるのか」については、長いスピーチを見てもらうのに、映像をそのまま乗せる意味はない。どうしても全てを聞いてもらいたいのであれば、音声だけを配信すべきだろう。映像は他の情報発信手段よりはその場の雰囲気を伝えることが出来るから、スピーチの中でもその人の人となりが判る部分や、会場の雰囲気が伝わる部分を抽出し、そこだけを見せる方がずっと効果的である。また、最初に時間的制約を決めておくことが大切である。10

分を超える必要があるならば、その意味合いを持たせるべきである。

5−3　CGMインフラの利用

CGM、consumer generated media 或いはUGC、user-generated content と称される、消費者が自らコンテンツを制作する時代を表す表現がある。ブログなどもそうであるが、映像などの分野では「YouTube」の世界的台頭を機に広く知られる概念となった。

CGMの最たる例は、Weblog であるが、YouTube に動画をアップロードしたり、写真共有サイトの「Flickr」「Picasa ウェブ アルバム」に撮影した写真をアップロードしたりという行為もそうした CGM の形成に繋がっている。

特に、ブロードバンドインフラが発達して以降、映像配信などのリッチコンテンツに対するニーズは強まり、YouTube 等へのアクセスが爆発的に増えた。ユーザ自身がコンテンツを作り、発表でき、それを多くの人々が閲覧するということはインターネット無くしては実現しなかった。新時代の表現形態といえるだろう。

情報発信をする上で、これら CGM のインフラを利用しない手はない。従来、自前でサーバーを用意して、映像を配信するには、映像配信のための領域を確保しなくてはならなかったし、それが人気となっても、同時多数のアクセスに耐えるためにはサーバーのバックボーンが強固なものでなくてならなかった。

しかし、CGM インフラはそうした心配をすることなく、映像を発信することが可能である。映像をアップするのは YouTube であるが、その映像は自サイト、ブログに貼り付けて表示することが出来るから、サイトを訪れてくれる人に、負担無く軽快に映像コンテンツを見てもらうことが可能である。
また、YouTube だけでなく、世界中には多数の映像共有サービスが存在しているから、自らの情報発信の用途にあった映像共有サービスを利用しながら見つける様にする。

さらに、こういった共有の場に映像を載せるメリットは、サイトを訪れたことのない、またはサイトの存在そのものを知らない人にも、アピールできる、ということである。YouTube に掲載した映像がきっかけで自サイトに足を運んでくれる、ということもあるから、掲載する映像の趣向をよく考えて映像を作成したい。

5−4 制　作

映像を制作する上で必要となる機材は、最低限ビデオカメラとその映像を取り込むPC、そして規模に応じた編集ソフトとインターネット環境である。

公開したい映像が、撮影したそのままの映像であったり、一部分切り出すだけであったりで済むのであれば問題はないが、複数の撮影素材を構成し直す必要がある場合、事前に構成表を作っておくことを推奨する。見せる順番を予め決めておき、その上で必要な素材は何かを考え、おおよその長さを決めていく。

撮影時には、その構成表を埋めていく形で映像を撮影していく。編集を前提とした映像制作の場合は作成した構成表に則り撮影する。事前にどういった画が撮れるかわからない場合はズームを多用せず、三脚で安定した画を撮ることを心がける。また、撮影にあたり大切なのはビデオカメラ操作に慣れておくということである。電源のON/OFFとズーム操作、明るさの調整、撮影可能な残り時間（記憶容量とバッテリー残量）は把握出来るようにしておきたい。三脚などを利用しない限り、映像のズームはなるべく利用しないようにする。もし制作にあたり予算がある場合は、最低限照明はあった方が見栄えが良くなるが、天気の良い屋外での撮影が可能な内容ならば問題ない。

カメラが2台ある場合、1台はワイド側に引ききったまま三脚で固定した映像、もう1台は同様に三脚で固定し、ズームした映像を撮影すると、編集でテンポのいい映像を作ることが出来る。

5−5　編集する

編集に関する知識を身につけるには、とにかく経験を積むことであるが、そもそも、複雑な編集を必要とする映像を掲載する必要がある場合はあまり存在しない。本章の最初に確認した規模と用途によって、編集に必要とされるスキルは大きく変わる。

ただ、必要な部分を切り出して繋ぎ直すだけであれば、Windows に標準で搭載されているソフトでも行えるし、ちょっとした入れ替えを要する編集や 2 台のカメラの映像を交互に編集するものであっても、1 万円未満のソフトで問題なく行える。

手間をかけずに制作した映像が人気を得ることが出来ないかと言えばそうとは限らない。YouTube に掲載されている人気映像の多くには、編集もされてない短い映像がたくさん存在しているし、複雑な編集等していない、ただ面白い部分だけを繋いだ映像がたくさん存在している。大切なのは長さや高度な編集でなく見せ方である。

規模と用途を最初に考えた時に、どうしても重厚長大な映像コンテンツでなくてはならない場合は、専門的な書籍を読み、final cut や Adobe Premiere、EDIUS といった上級向け編集ソフトウェアの利用方法をマスターしてから編集を行うのが良いだろう。

5−6　オープンキャンパス・動画コンテンツの事例

オープンキャンパス・動画コンテンツとは

東洋大学経済学部では「オープンキャンパス・動画コンテンツ」として、今話題の事象について、該当するテーマを専門に持つ経済学部の教員が10分程度の解説を行うという番組を展開している。

経済学部のトップページ

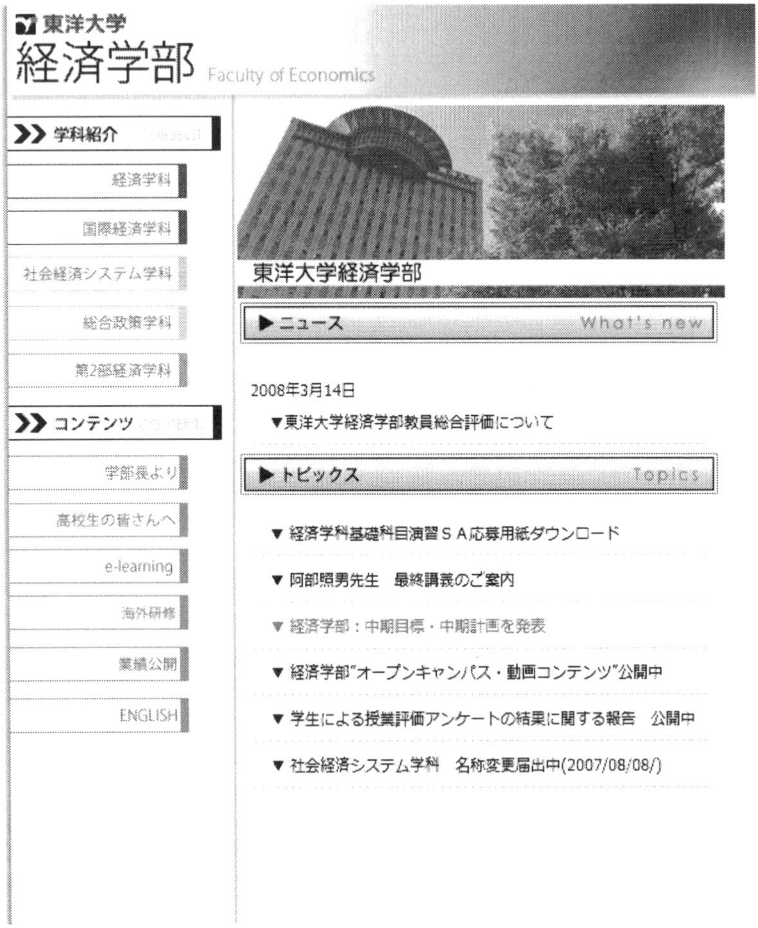

オープンキャンパス・動画コンテンツのページ

テーマはユーロからサブプライムローン問題、放送と通信の融合など、経済学が絡む様々な話題を扱っている。この制作には、澁澤ゼミのメンバーも多数関わっており、今回は映像コンテンツの事例として取り上げる。

番組概要

オープンキャンパス・動画コンテンツでは、話題となっている事象について、司会の学生が先生に説明を受ける、という形式を取っている。撮影においては事前に打ち合わせを行うが、中にはその場で質問を投げかけられる場合もあるので、司会を担当する学生も予断を許さない。

EUでユーロがなぜ成功するに至ったのかの解説

こうしたトーク形式の番組の利点は、様々なテーマを形式に則り展開できることである。毎回同じ構成であるから、制作手順を簡略化できる一方で、テーマさえ変われば内容ががらりと変わるから、番組全体としては幅を持たせる事が可能である。

地球温暖化に関する話題をレクチャーする内容

経済学部の英語教育に関する取り組みを、全編英語で展開

通信と放送に関する法律がうまくまとまればどの様なことが実現するのか

コラム：iGoogle

iGoogleとは、2005年5月19日（日本語版は11月4日）から始まったGoogleのサービスである。天気・占い・ニュース・株価などさまざまなコンテンツが存在する。自分の興味のあるコンテンツなどを自由にレイアウトすることができ、アーティストの書いた絵や自分の好きな絵を選んで、トップ画面に表示することが可能である。Googleマップでも利用されているAjaxという技術が活用されている。

検索からブレイクしたGoogleは、今やマイクロソフトと肩を並べる企業に成長している。そのデザイン性や将来を見据えてのマネージメントに高度な知性を感じる。ちなみにGoogleからきた年賀状はこんなでした。

第6章　情報発信を阻害する要因

6−1　ウイルス

1986年の「パキスタン・ブレイン」というシステム領域感染型ウイルスが世界最初のコンピュータ・ウイルスと言われている。これはあるパキスタン人の兄弟が、プログラムの違法コピーを警告するために、コンピュータを起動すると、単に氏名と住所だけを表示するだけのプログラムであったのに、このプログラムが拡散するなかで誰かにより、破壊的なプログラムに作り変えられた。仮に善意によってできたものであっても、悪意の第3者によって作りかえられてしまうことがあるということである。

サイバー社会には、こうした犯罪に終りがなく、常時接続、高速通信という環境が企業も、個人もあたりまえになってきている現在、ますます被害の増えることが懸念されている。

システム管理者が知らないうちに、サーバーにプログラムが侵入し増殖、特定企業のホームページやシステムに攻撃を加えれば、損害賠償が管理者に求められる可能性もある。

今後はシステム管理企業へのアウトソーシングや、分岐したシステム企業への委託、専門企業からの社員派遣による管理などが大きな選択肢となっていく。

近年、ウイルスによるネットワーク犯罪が激増している。代表的なウイルスにはブートセクタウイルス、プログラムウイルス、マクロウイルスの3つがあるが、ワープロソフトや表計算ソフトのマクロプログラムで作られるウイルス（マクロウイルス）における被害が深刻である。2006年3月IPA（情報処理振興事業協会）の報告書ではコンピュータ・ウイルスの被害のうち、92%がメールに添付されたものであるという。これは一般的になった電子メールの添付ファイルから感染するから、こうした知識のないユーザが自分で知らないうちに感染し、被害をさらに拡大するとういう要因がある。これに対してはウイルス対策ソフトを使用し、ひんぱんに定義ファイルを更新するなどの対策が、有効である。いったんウイルスに感染してしまったら、新たな感染を防ぐために、ウイルスに感染したコンピュータをネットワークから切り離す。またメモリにウイルスが常駐している可能性もあるので、いったんコンピュータの電源を切り、外部ディスクから起動後、ワクチンソフトを利用して、チェックをする。ワクチンソフトとは、ディスクの中のファイルがウイルスに感染していないか検査し、感染している場合は駆除するソフトである。新型のウイルスが現れればすぐ、それに対応するワクチンをインターネットで配布される。今までの常識を打ち破るようなウイルスも登場する。「ニムダ」はメールに添付されてきたファイルをあけると感染するというものではなく、特定のホームページにアクセスしただけで感染する。

危惧しなければならないのは、インターネットが普及すればするほど、常時接続、高速通信環境が整えば整うほど、こうした犯罪も多様化し、増加するということである。一般のユーザが使いやすい環境になればなるほど、マナーやセキュリティに熟知していないユーザも急増し、被害も同様に増加する。企業においては、株式市場もｅマーケットプレイスもリアルタイムに取引をおこなっており、クラッカーなどによってウイルスなどが混入したり、大量のメールを同時刻に送信しつづけるようなことがあれば企業の受ける損失は多額におよび、社会に与えるダメージも大きなものとなる。すでにこうした事件は、幾度となく起きている。

麻薬の取引をグローバルにネットで行うサイトもあり、ここでは暗号化された文書のやりとりがなされている。暗号化を簡単におこなうソフトも、出回っている。一般のエンドユーザでは、仮に「あ」がA、「い」がB、「う」がCであるという簡単な日本語からアルファベットへの暗号文書でも解読のルールがわかっていなければ読むことはできないだろう。

日本で多発する「ピッキング強盗」も、裕福な家庭情報が売り手情報としてサイトに送られ、犯罪者は買い手として情報を入手し、情報料を支払う。中南米などで頻発する誘拐も、インターネットが深く関わっている。

2001年5月、国内企業や大学のサーバーが攻撃を受けた。これはファイルなどに感染するウイルスではなく「ワーム」とよばれるプログラムであり、セキュリティ対策が充分整っていないサーバーに侵入、自分と同じプログラムを複製する。そしてネットを通じてOSがウインドウズNT 2000のサーバーを探し、攻撃先リストを作成、攻撃を始めると相手先のHPを改竄する。つまりいつのまにか、直接被害を受けるサイトと関係のないサーバー管理側が共犯者になってしまう。

今後は、ますますユーザ管理業務が重要な業務となってくるだろう。多くの利用者にとっては、識別のためにパスワードやIDが配布されている。こうしたパスの定期的変更の重要性やID管理をはやいうちからの教育に結びつけることが、火急の責務である。多くのユーザの現状として、こうした様々なネット犯罪から身を守るあるいはパソコンを守る手段はIDとパスワードしかない。ユーザIDとパスワードが同一では、即座に侵入される危険が大きい。英語を使うにしても、たとえば「dog」や「cat」では英単語としてかたっぱしから、入力されればまたたくまに判明する。さらにこうした字数の少ないキーワードでは、すべての文字を総当たりに試みていく「ブルート・フォース」攻撃で簡単に陥落してしまう。こうした攻撃はむろん人間が手作業で行うのではないからである。したがって、小文字や大文字、数字などをアバウトに組み込むことが、重要になってくる。さらに一定時間に幾度となくログインをすることで、侵入を試みるので、こうしたログインの回数を制限することもバリアーになる。

パスワードも英語の小文字や数字を組み合わせて8ケタ程度になってきているので、複数は記憶できない。うっかりして忘れてしまうことがある。そのためにリマインダといわれる再問合せによる照会システムがある。ところがこれは、ユーザIDを入れれば本人の生年月日と実名とか飼っている犬の名前とかを入れれば簡単に認証してしまうケースがある。

飼っている犬の名前など種類はたいして多くはない。下手をすると「ぽち」であたりになってしまう。使用しているメールがフリーでもパスワードを他人に取得されれば一時的ではあっても（長期になる可能性もある）メールが筒抜けになり、なりすまして他人へメールを送ることが可能になる。

いずれにせよ、こうした犯罪は限りがない。対策のマニュアルができたときには、すでに新しいかたちの犯罪が発生する。学校教育や家庭教育、企業では企業教育などに頼らざる得ない部分である。また、こうした犯罪には厳罰でのぞむような法的な改正も必要になっている。あらゆるシステムは、変化に対応する必要に迫られている。

図表6－1　ウイルスの被害

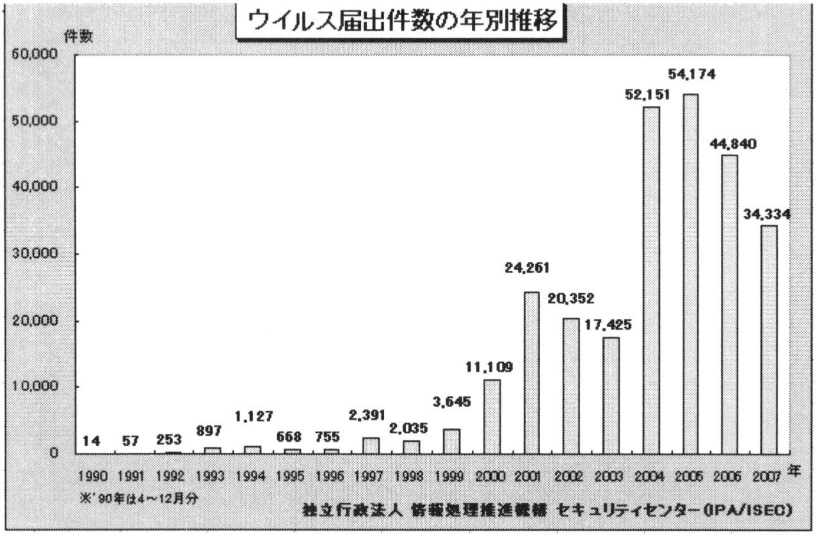
ウイルス届出件数の年別推移
件数
60,000
50,000
40,000
30,000
20,000
10,000
0
14
57
253
897
1,127
668
755
2,391
2,035
3,645
11,109
24,261
20,352
17,425
52,151
54,174
44,840
34,334
1990 1991 1992 1993 1994 1995 1996 1997 1998 1999 2000 2001 2002 2003 2004 2005 2006 2007
年
※'90年は4～12月分
独立行政法人 情報処理推進機構 セキュリティセンター(IPA/ISEC)

図表　6－2　サイバー警察への依頼件数

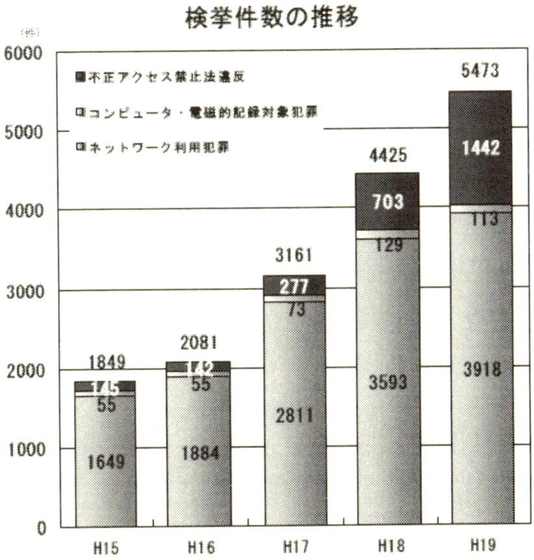
検挙件数の推移
(件)
6000
5000
4000
3000
2000
1000
0
不正アクセス禁止法違反
コンピュータ・電磁的記録対象犯罪
ネットワーク利用犯罪
1849
55
1649
2081
55
1884
3161
277
73
2811
4425
703
129
3593
5473
1442
113
3918
H15
H16
H17
H18
H19

警察庁広報資料平成20年2月より

6－2　情報論理

インターネットは基本的にだれでも、どこでも、どこからでも、どんな情報発信でも行うことが可能である。たとえば怪しい宗教や過激思想を標榜するWeb ページもある。日本の薬事法で禁止・制限されている睡眠薬や死者が多数発生したバイアグラなども公然と販売されている。世界保健機構では、「インターネット上での国境を越えた医薬品の販売が各国の医薬品規制を無視して行われ、公衆衛生や患者に危害を及ぼす恐れがある」として、対応を求める決議を採択している。しかしながら現状では、明らかに在庫処理と思われる古い薬や処方せんを必要としない国から入手した危険な薬、効果が疑わしい薬品も平然とインターネットで売られている。

インターネットは、コンピュータの操作をできる人ならだれでも世界中に情報を発信できる能力をもたらしたが、しかも、発信者は匿名で無責任な発言を繰り返すことさえ可能である。さらにインターネットは同じ趣味や悩みをもつものを簡単に結びつけるという特性を持っている。それはときには楽しみや救いになることもあるが、自殺を奨励するようなサイトに出会い、残念ながらサイトで知り合った者同士で自殺をして命を捨ててしまうような事件が頻発したことも事実である。倫理上明らかに問題があると思われる情報源に規制をかけてもすべてにかけきれるわけではない。またどういった基準で規制をかけるかは「表現の自由」との関連で難しい問題をもたらしている。

匿名性に関しては、筆者は否定的見解を持っている。インターネット発展の背後には、「発信元の明示を前提に、合法的に物事をすすめる」という思想があった。ハンドルやニックネームは認めるとしても、少なくても発信元がどこかだれか示さない情報は、正確な情報発信とみなすべきではない。

コラム：セキュリティ

最近のマンションはほとんどがオートロック式である。オートロックにもいくつかあり、部屋の鍵で共用部分の玄関を開けることができたり、IC カードをかざしたりすることで開けることが可能となる。鍵の場合は合鍵を作ってしまえば、いつでもマンションに立ち入ることができる。

その様な中、事前登録した人や会社だけが、共用玄関の自動施錠を解除することができるIC カードを発行するという。IC カードと暗証番号の入力、開錠可能な時間帯を設定することにより、入居者への安全性は確保される。指静脈認証も登録した人の指を差し込めばドアが開閉する。虹彩認証や顔認証、指紋認証、音声認証と治安が悪くなってきたことを証明するようにこういったシステムなどが売れてきている。しかしどれも100%の安全は保障されない。いっそのことすべて設置してみたらどうだろう。家に入るまでに日が暮れるかもしれないが。

第7章　ケーススタディ：海外視察事例

7−1　事例研究

7-1-1　個別に学んだことを活かす

2〜5章の4項目にわたり、Web、メールマガジン、ネットラジオ、映像配信と様々な情報発信についてみてきた。しかし、ただ闇雲に情報発信をしていては手間がかかるし、一方で効果が薄いものとなってしまう。

様々なコンテンツ展開の元となるイベント・題材はたくさん存在している。しかし長いスピーチや講義をただ映像でそのまま全て流すのは無駄が多いし、見る側も疲れてしまう。また、綺麗な風景や迫力あるライブなど、臨場感を伝えるべきところをただ文字だけで伝えるというのも勿体ない。

せっかくの独自的なコンテンツを最大限魅力的なものとして送り出すには、それぞれの情報発信の特性をよく知り、得手不得手を把握することが重要であるし、それをどのように利用してもらいたいかを明確に決めておかなくてはならない。

さて、ここまでは個別の情報発信についてみてきたが、実際には何かしらのイベントがあり、それをどのように伝えるか、と考えるはずである。今まで学んだ内容を中心に、今度は実践編として1つの事象をどう情報発信していくかを見ていく。

7-1-2　海外視察を事例に

澁澤ゼミでは毎年、海外視察を行っており、その視察先は欧州中央銀行、ロンドン証券取引所、フランクフルト証券取引所といった金融の流れを追うもの、

EU 本部やバイエルン州政府レジニー市役所といった公的機関における情報化への取り組み、ドイツテレコムやボーダフォンにみる欧州における通信キャリアの取り組みや SIEMENS 社、アウディ社など、私企業の取り組み、そしてミュンヘン大学、シュツットガルト大学等の学術機関における各種政策に対する専門的な解説と、産学官に亘る多彩な内容となっている。

主な視察先
2002年　フランクフルト証券取引所　欧州中央銀行
2003年　ロンドン証券取引所　レジニー市役所
2004年　欧州中央銀行　ボーダフォン社　ドイツテレコム社
2005年　ミュンヘン大学　バイエルン州政府　シーメンス社
2006年　欧州連合本部　バンクシス社
2007年　シュツットガルト大学　アウディ社　シュツットガルト交通局　フランクフルト国際空港

ここでは、2004年に行われた、ドイツのドイツテレコム、ボーダフォン視察をケーススタディとしてみていく。

7-1-3　2004年第三回視察の内容

目的：

ドイツの第三世代携帯電話市場における各社の取り組みと世界戦略を学ぶ

期間：

2004年11月１日から11月７日の１週間

視察先：

欧州中央銀行

T-コム（ドイツテレコム）

T-システム（ドイツテレコム）

ボーダフォン

ボーダフォンコントロールセンター

成果物：

全講演の映像

各社コントロールセンターの映像

各参加者の報告レポート

観光の様子の映像

写真

１週間で得られたものは実に膨大な内容である。これらのたくさんな内容を情報発信していくうえでのアプローチを見ていく。

7－2　Webサイト

7-2-1　Web サイト記事

shibuzemi.com 向けには、視察の文字レポートを掲載した。それぞれの執筆担当者を決め、期日までに執筆してもらい、校正後アップするという形になっている。

海外視察2004ドイツテレコム

ドイツテレコムは旧ドイツ国営の電信電話会社です。現在では、国内ブロードバンド市場の約9割を占めるほどの大企業です。最新システムや、携帯電話市場、ブロードバンド市場の実態と問題点などを視察してきました。

＜映像によるレポートは**こちら**＞

ドイツテレコムは旧ドイツ国営の電信電話会社で、ドイツ国内に現在10万人の従業員を抱えている。大きく分けるとT－Com(固定回線分野)・T－Mobile (携帯電話分野)・T－Systems(企業向け分野)・T－Online(オンライン関係分野)といった4つの分野に分かれており、中でもT－Com、T－Mobileはそれぞれグループ全体の売り上げシェアの40%を占めている。

○T－Com(固定回線分野)
現在ヨーロッパ全体において最も多くのブロードバンド顧客数を誇り、販売やブロードバンドサービスなどのインフラを持っている。戦略・方向づけとしては、チャンスを利用するという考えを元に、将来性を見込んだ無線LANの拡張などを挙げていた。具体的には企業顧客を相手に、今までに無いITテクノロジーを提供することとおっしゃっていた。また、ドイツ国内では500万人のブロードバンド契約者数を誇り、これは国内ブロードバンド市場の約9割を占めていることになる。しかしその契約者数の約80%が旧西ドイツであり、所得面などでも東西格差がみられることから、まだ問題点もあるといえる。ナローバンド中心の旧東ドイツでのブロードバンド普及にあわせて、2007年までには契約者数1000万人を目標としているそうだ。

○T－Mobile(携帯電話分野)
T－Mobileはドイツ国内の携帯電話シェアの約40%を占めており、すでにアメリカでの事業も成功させている。しかし固定回線に比べて携帯電話は約4倍近くも料金が高いのが現状である。そこでこの料金設定を将来的には均一にし、さらには国際的なブランディングの統一も目標としていくそうだ。パッケージサービスの提供の一環として更なる低料金化など、料金面の改革等が今後の課題として挙げられていた。

○社内見学
視察の一週間前に完成したばかりの最新のシステムを見せて頂いた。壁一面に広がった巨大なモニターで、ネットワーク状況や故障情報などをリアルタイムに確認できるものであった。社内でも5人しか持っていないというPDAを用いて、故障の起こった地域の担当者とその画面上で会話をし、故障を瞬時

海外視察2004 vodafone

世界大手の携帯関連企業として誇るヴォーダフォン社。その本社であるドイツ本社での視察からは、経営戦略など伺うことができ、多くの魅力を受けると同時に非常に貴重な経験とすることができました。

＜映像によるレポートは**こちら**＞

研修旅行4日目、この日はボーダフォンへ視察に訪れた。ボーダフォンは1992年に設立され、現在ドイツ国内で9300人以上のスタッフから成り立っている。平均年齢は約33歳と比較的若い。そして2550万人の顧客をもっている。なぜボーダフォンがこれほどまでの顧客を抱えることができたのかというと、今まで企業に有利だった価格設定が個人にも広がったからである。ドイツ国内のモバイル分野で成功している企業は現在、T-Mobile・ボーダフォン・Eplus・O2の4つである。ボーダフォンはイギリスからの海外参入組であるにもかかわらず、T-Mobile約40%、ボーダフォン約38%と、元国営のドイツテレコムと携帯電話市場を二分している。ドイツ国内だけではなく、ボーダフォンは26カ国の13の会社と提携しており、全世界で見ると1億3900万人の顧客を抱えていることになる。売り上げも、設立の翌年には早速利益をあげている。現在でも年々業績を伸ばしており、その額はなんと78億ユーロにもなっている。
さらに興味深いことに、顧客数は全世界でドイツが1位・日本が3位となっているのだが、売り上げは日本が2位のドイツに大きく差をつけ、1位なのである。その理由として挙げられるのが、日本人が新しい物を好む傾向にあり、データサービスを頻繁に利用するからであるという。ボーダフォンにとって日本の市場がどれだけ大きいものなのかを感じることができた。実際、ボーダフォンは日本のマーケットをかなり重要視しているそうだ。もちろん日本への投資はこれからも増やしていくそうなのだが、これからの展望としては、北欧にも注目していきたいとのことであった。

レクチャー後、社内のあらゆる部分を拝見させて頂いた。今回の視察でも訪れたドイツテレコムとは違い、ボーダフォンではドイツを8つに分け、それぞれが独立し管轄している。ボーダフォンドイツ本社ではフランクフルト周辺を主に管轄しているのだが、そのシステムを実際に拝見させて頂いた。厳重なドアの向こうにある会社の中核である機械室をこの目で見ることができ、非常に感動的であった。

日本の携帯電話市場におけるボーダフォンの位置づけはドコモ・auに続いて第3位となっている。しかし日本ではドコモが約56%と圧倒的に市場を占めており、ボーダフォンは現在伸び悩んでいると言える。日本での携帯電話市場は著しく変化しており、その中で日本の市場を重要視しているボーダフォンが、今後どのようにして日本での携帯電話市場のシェアを伸ばしていくのか非常に興味深い。今回の視察で

7-2-2　視察報告書へのリンク

澁澤ゼミの海外視察では必ず、参加者全員が視察内容のレポートを提出し、海外視察報告書としてまとめる。Webサイトではこの報告書をPDFとしてまとめ直し、公開している。

序文

本報告書は、東洋大学経済学部社会経済システム学科、澁澤ゼミで 2004/11.1-11.7 に実施した第3回欧州海外視察における成果を収載したものである。

本ゼミでは、従来より情報化における社会システムの変化をテーマとして多面的に分析するということを内容として行っている。就職状況が年々、厳しさを増す中で海外での実証的体験を求める企業が多くある。旧来型のシステムでは対応しきれない問題が山積し、変化の速度がますます早い情報社会においては、今までにないアイデアや考え方が必要になる。こうしたことからゼミでは海外視察を企画、本年で第3回の視察となった。

今回訪れたのはドイツのフランクフルトにあるドイツテレコムとボーダフォン、さらに欧州中央銀行である。米国のニューズウィークが 2000 年に Global1000 で発表した企業に第1位として名前が挙がったのはボーダフォンであり、その第5位にはドイツテレコムの名前があった。近年、米国の通信会社の後退と相反して欧州勢の通信関連企業の伸びは目立っており、ドイツでは携帯電話の市場の 40%がドイツテレコムの T-Mobile で 37.7%が英国から参入した Vodafone である。国営から転換したドイツテレコムと海外からの参入組みであるボーダフォンの視察は、それぞれの立場や戦略の違いを瞬間、浮き上がらせ実におもしろみのあるものであった。携帯電話でベルリン担当者を呼び出し、大画面での TV 双方向対応を見るに及んで感嘆の声が学生から漏れた。回線故障やクレームを瞬時にパソコンから遠隔で修復する作業を目の辺りにした。さらに豊富な資料に基づいたプレゼンテーションと質問と回答の応酬は、参加者にとってまたとない刺激と経験になったといえる。

今後、参加した 30 名の学生がさらなる探究心に燃えるであろうことを期待してやまない。ゼミのプランにご賛同いただき、快く送り出してくれた学部長、服部先生と学科主任、今村先生に心より御礼申し上げる。

2004.11.29　　社会経済システム学科　助教授　澁澤健太郎

海外研修に参加して　　　　　　　　　　**尾晃　さやか**

ヨーロッパ大陸に行ったのは、今回の海外研修が初めてだった。この7日間、ヨーロッパの情報化を肌で感じた。研修のメインは大手携帯電話会社のドイツテレコムとボーダフォン、ユーロを発行する欧州中央銀行の視察だった。中でも、携帯電話分野で、ライバル同士であるドイツテレコムとボーダフォンの訪問が特に印象に残っている。

ドイツテレコムは、日本のNTTのように元は国営の民間企業である。先端をゆくサービス業で新しいものをどんどん提供することをビジョンとしている。ドイツテレコムの掲げる柱は、T-com（主に電話線、電話関係ビジネス）、ブロードバンド（携帯電話分野 T-Mobile）、T-Systems（大手の客を相手としたビジネス）、T-Online（オンライン関係分野、将来 T-com と合併）の4つである。12万6000人のスタッフがいるが、コスト削減のためリストラも行っている。ドイツ国内で10万人の顧客を持ち、上半期より下半期の方が売上が高い。ドイツ全国に支店を構え、どこにでもサービスを行い、販売促進に努めているそうだ。

ドイツテレコムの戦略は、高い要求にかなうものを取り入れ、今のチャンスを利用するというものだ。例えば、ブロードバンドをすすめ、広めていくことだ。インターネットでの拡張、企業に必要な新しいサービス、個人の顧客を確保するための comfort package や価格面での改革などがそうである。また、生産性をあげるためにインターネットの売買やカスタマーケア、IT のプロセスのバックアップを行っている。

ドイツでのブロ--ドバンドの利用者は500万人以上で、テレコムのマーケティングシェアはドイツにおいて92%であるが、普及率の割合は旧西側:旧東側が80:20とまだ東西の差が激しい。2005年までに14万人の顧客確保を目標としており、ブロードバンドを広げていくための方法として、企業の顧客（法人）を増やすことを一番に挙げている。そして訪問サービスやスタッフが家庭でできるようなサービスなど、今までなかったサービスをつける必要があると考えているそうだ。さらに、

この年は31名による58ページに亘る報告書となった。

7-2-3　写真ページ

また、視察の雰囲気が伝わる様、写真ページを設置した。

7−3　メールマガジン

この時はメールマガジン配信スタッフの取り決めと各学年のゼミ長の協力もあり、メールマガジンの発行は期日通りに行う＝帰国日に配信する＝視察中に原稿を執筆するということになった。

【2】海外視察　報告

このメールが送信されている前日の7日、海外視察組が帰国しました。

今年は、11月1日から7日にかけてドイツのフランクフルトにてドイツテレコム、ボーダフォン、欧州中央銀行を視察後、ストラスブールを訪れました。また、フランクフルトでは市内観光を楽しみ、二日目にはハイデルベルク、もしくはヴルツブルクを訪れました。フランスでは第一回視察時と同様、ストラスブールでトラムを利用しての自由行動となり、大聖堂をはじめ、雰囲気のある街を歩きながら、研修の終盤を楽しみました。

それでは第三回海外視察のレポートをお届けします。

▼ドイツテレコムレポート(担当:原 愛)

ドイツテレコムの視察ではこれからの企業方針、戦略など貴重なお話を聞かせて頂きました。ドイツテレコムは市場の大半のシェアを占め、非常に大きな企業と言えます。これからは一般固定電話につぎ、携帯電話(インターネットの利用)への投資を行っていくそうです。西ドイツ・東ドイツでの環境の差により、やはり携帯電話の契約者にも大きな差が出ているという問題は残されているものの、西ドイツでの環境整備などが行われれば、さらに発展していくだろうと実感しました。その他に、最新の管制室を見学させていただきました。大画面で様々なデータの確認ができ、問題が起これぱすぐにその箇所について修正が行われます。
私達が訪れる１週間前に完成したという新しいシステムにも驚きました。PDAでその大画面の操作が行われ、問題が起こった時には同じように修正することができます。このように最新のシステムを扱う現場を眼の前でみるという非常に貴重な体験ができ、ドイツでの携帯電話事情を詳しく聞かせて頂けて、とても有意義な時間を過ごすことが

編集後記：

”Shibusawa Zemi INFORMATION”初参加です。簡単な文章ではありますが、
研修の雰囲気が分かっていただければ嬉しいです。研修お疲れ様でした。
ゆっくり休んで疲れをとってください。報告書来週までなので、よろしく
お願いします。(小坂)

今回の研修では、ドイツテレコム、欧州中央銀行、ボーダフォンの視察に
行かせて頂きました。競争相手同士であるテレコムとボーダフォンでは
それぞれの特徴あるシステムと戦略があり、対比して見る事ができました。
中央銀行では、ユーロ導入に伴い各国の経済状況やこれから行っていく
改善点、規定を定める順序など、大変貴重なお話を聞かせて頂きました。
その他にも文化の違いや街並など、とても心に残っています。このような
機会を作って頂き、澁澤先生には本当に感謝しています。二年ゼミ生を
代表してお礼申し上げます。(原)

海外視察から昨日帰ってきました。今回は３つの視察がありハードでしたが、
とても充実したよい一週間になりました。明後日水曜日に、朝霞で来年度の

編集後記でも冷めやらむ興奮の中執筆している雰囲気が伝わるのではないだろうか。

7—4　ネットラジオ

2004年段階では shibuzemi.com はネットラジオを開始していなかったので、ここでは具体的に行った事例というものはないが、仮にこの時点で既に Network Station the Radio が運営されていた場合、どの様なコンテンツを提供していたかを考えてみる。

まず、講演して頂いた方々にインタビューを行い「ボイスオブスター」のコーナーとして伝えることが出来る。その他、現地の人々に実際にボーダフォン、ドイツテレコムの利用状況をインタビューすると言った企画も考えられるし、収録自体をドイツで行う、ということも可能となるだろう。

その他、音声コンテンツの発信と考えた場合には、講演内容をそのままというわけには行かないが、映像よりは長い時間を割き、公開・提供することも考えられる。映像では保存容量やサーバーへの負荷が大きいわけだが、音声であればファイルサイズはそれほど大きくならないので、回線が逼迫される問題も低減する。

7—5　映像配信

配信する映像を作成する上では、視察の1週間にわたって撮影された素材をすべて並べ把握し、再構築する作業から始まる。

視察はボーダフォンとドイツテレコムの取り組みを比較する内容となっているので、今回はこの2社を比較することを軸に映像を構成していく。講演だけでも6時間ほどあるので、これらの講演の書き取りを行い、全体像を把握しながらピックアップする箇所を決めていく。こうして出来た構成表を元に編集を行い、編集された映像に、ゼミ生が現地で視察意図を説明する映像を加える(上の写真)。そして構成表やまとまった映像をもとに作成したナレーション原稿をゼミ生に読んでもらい、それを収録し、映像へ追加して完成となる。こうした長時間の映像を作成する上では、構成表が重要な役割を果たす。最初の設計段階がしっかりしなくては、何度も行ったり来たりすることになるから、綿密に計画したい。

両者を比較することを明示するため、両者のロゴを並べたインサート映像を作成、挿入する。

2社の比較なので映像は対になるように構成

映像本編中でも、両社のエントランス映像を意識的に並べるなどして構成を

見る人に理解しやすいものにする。その上で、両社のレクチャーのダイジェストを通じ、各社がドイツや世界における展開に関する内容を見てもらう形となる。

システム面も対になるように構成

　またどちらも電話会社であるから、その運営のためのシステムをコントロールするセンターが存在する。レクチャーも大切であるが、こうした現場を視察することは意義のある行為であるから、積極的に映像内でもその内容を含めている。この両社のシステム部門の視察の様子も対になるように構成されている。

　映像の展開としては、視察の意図、ボーダフォン本社、ボーダフォンコントロールセンター、ドイツテレコムのＴコムとそのＴシステムという順番となっている。映像を通してお互いの戦略だけでなく、社風も伝わるのではないだろうか。

見どころを中心に据える

それぞれの視察で得た、インパクトのある内容は映像内では特に強調して取り扱う必要がある。特に今回はドイツテレコム、ボーダフォンの２社を軸とした展開であるから、それぞれの見所を配置することになった。

ボーダフォンの見所は、最初のプレゼンテーションで、ボーダフォングループの顧客数でドイツボーダフォンが世界一位にもかかわらず、売り上げで見た時には日本が世界で一位となる点である。映像内のボーダフォンパートは、この説明のウェイトを大きなものとして構成している。

ドイツテレコムの見所

ドイツテレコムの見どころ、そして今回の視察の最大の見どころは、ドイツテレコムが誇るシステムと96面のモニターを用い、障害が生じているエリアを修復する過程である。

小さなPDAひとつで、大画面を操作しながら衛星サテライト経由で障害を特定し、テレビ電話でブタペストのスタッフを呼び出し、迂回を指示、修復という過程をゼミ生が見守る眼前の大画面で見せ、あっという間に解決していく様子は映画さながらの展開である。

観　光

海外視察で訪れる欧州はどこも景色の綺麗な場所ばかりであるので、映像内ではそれらを観光している様子もおさめてある。続く視察で緊張していたゼミ生の表情も緩やかなものとなっている。

7－6　Webページ（統合ページ）

最後に、それぞれ完成した各コンテンツへのリンクをまとめた海外視察2004関連のコンテンツのポータルページを作成し、Web に掲載する。

海外視察2004
vodafone
○視察報告書
○視察映像レポート
○ドイツテレコム
○vodafone
○欧州中央銀行(ECB)
○観光

また、既に掲載してある記事についても、映像へのリンクを掲載するなど、コンテンツ内での相互リンクを設置する。

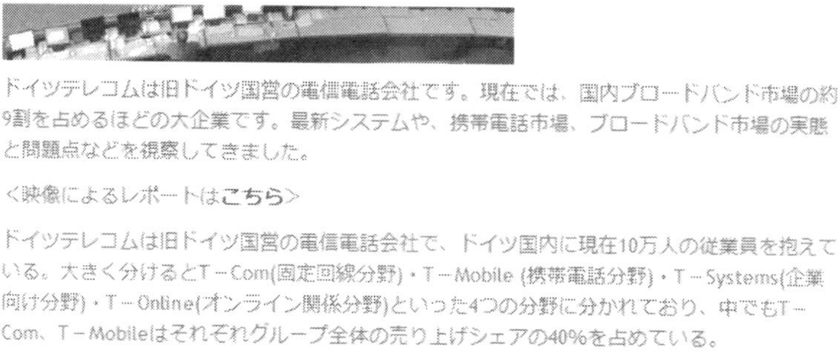
ドイツテレコムは旧ドイツ国営の電信電話会社です。現在では、国内ブロードバンド市場の約9割を占めるほどの大企業です。最新システムや、携帯電話市場、ブロードバンド市場の実態と問題点などを視察してきました。
<映像によるレポートはこちら>
ドイツテレコムは旧ドイツ国営の電信電話会社で、ドイツ国内に現在10万人の従業員を抱えている。大きく分けるとT－Com(固定回線分野)・T－Mobile (携帯電話分野)・T－Systems(企業向け分野)・T－Online(オンライン関係分野)といった4つの分野に分かれており、中でもT－Com、T－Mobileはそれぞれグループ全体の売り上げシェアの40%を占めている。

7−7　何をどう見せるか

ここまで見てきたように、一つの題材でも見せ方によってそのコンテンツの見栄えは大きく変わる。Tシステムで大画面で問題を解決する様子は、どれだけ文字や写真や音声を伝えてもその場の臨場感を伝えるには不足である。こうしたものには映像が効果的だろう。一方で、何時間にも及ぶレクチャーをWeb上の映像で見ても、それは疲れるものとなるかもしれない。こうした体験を伝える上では、ある程度概要をまとめ、文章で伝えるのが効果的だろう。ゼミ生が視察中に見せた笑顔を伝えるには写真が印象的かもしれない。

何をどう見せるかという上では、これといった決まり事はないが、それぞれの情報発信手段が、常に何を見せるのが一番得意かを考えなくてはならない。幸い、今の時代では私たちは非常にたくさんの手段で情報を発信することが可能となった。絶対に映像を配信しなくてはならないから映像を無理矢理用意してやる事も、その場の写真が撮れなかったからと再現して撮影し直す必要もないわけである。

そして、もう一つ大切な視点は、利用者がどのようにそのコンテンツを利用してくれるかを考えることである。送り手がどれだけこれに向いていると思っても、それが押しつけになってしまってはせっかく作ったものに目を向けてもらえない。伝えたい情報・コンテンツがあった時にどの方法で伝えれば楽しんでもらえるか、みてもらえるか、さらに利用してもらえるかを意識して発信を行いたい。

7−8　航空インターネットとSkype

海外視察でドイツを訪れる際、航空機内にゼミ生が持ち込んだノートパソコンで、インターネットアクセスをしようと機内で申し込みを行い、Webを閲覧していた。速度もそれなりに出ていたので、もしかして利用できるのでは？とSkypeを立ち上げると、コンタクトリストには日本にいるゼミ生がちょうど存在。コールをしてみると……。

この内容はメールマガジンの「澁澤先生のコラム」の題材となって配信された。

【9】澁澤先生のコラム

—IP電話—

2005年11月1日から11月7日まで4度目になる
ゼミの海外視察を引率した。行きの航空機上で連れていった
大学院生２名が私を呼びにきた。電話がつながっているという。
すでに離陸後で雲の上であり、通常の電話では大変な高額料金になる。
彼らの席にあったのは１台のノートPCで、使われているツールは、話題の
スカイプであり、IP電話である。なんと航空機から彼らは日本の友人を
呼び出して、しかも無料で電話で話していたのである。
ルフトハンザは現在、すべての国際線に無線LANでの高速インターネットが
可能である。利用料金はもちろん必要だが、IP電話は無料であるので、
高額の電話料金を請求されることがない。電話にでて会話すると
全く雑音がない通常の会話が楽しめた。
すでにここに新しいビジネスモデルが存在する。
ITは国境を越えるどころか・・・。

この様に、視察がメインで航空インターネットとSkypeの関係を調べに行ったわけではないが、面白い経験を得ることが出来た。体験がいつ題材となる

かわからないし、裏を返せばどういったことでも題材になるわけだから、常にどのように題材を発信できるかという視点を持つことが大切、と言える。

第 8 章　shibuzemi.comの事例

第 7 章では事例を通して、各情報発信をどのように行うか確認したが、本章では shibuzemi.comの事例を通して、各情報発信がどのように行われているかを見ていく。

8−1　Webサイト

8-1-1トップページ　http://shibuzemi.com

澁澤ゼミの Web サイトは2002年より開始された。HTML 時代の Web サイトと大きくデザインは変化していないが、内部は Xoops 化され、さらに blog 化されたのち、現在は Movable Type で稼働している第 5 世代となっている。

ShibusawaSeminar Website
http://shibuzemi.com/
Google
ShibusawaSeminar Website
カテゴリー
イベント
NS the Radio
NetworkStation
インタビュー
今月のズバ!!
気になるコトバ
第8回日経主催円ダービー全国9位!!
円相場の予想を学生チームが競う「第8回 全国学生対抗円ダービー」に参加した渋沢ゼミは、5月30日の円相場を105円49銭と予測をしました。これはわずか5銭のずれで、約500チームで争っている中、全国9位となりました（前半戦）。このことは、6月8日の日本経済新聞に掲載されます。
東洋大学経済学部総合政策学科のWebサイトで取り上げられました。
続きを読む...
トラックバック (0)
NETWORK STATION
RADIO
東京証券取引所視察
渋沢ゼミ第8期生は5月20日、東京証券取引所へ訪問しました。
続きを読む...
トラックバック (0)
検索
全記事一覧
フィード [フィードとは]
今月のズバ!! 「JOBA」

8-1-2　shibuzemi.comのカテゴリ

ゼミ情報
- イベント
- ゼミ概要
- 卒論・進路

企業視察・講演
- 企業視察
- 外部講師
- 海外視察

澁ゼミ Special
- NS the Radio
- Network Station
- インタビュー
- 今月のズバ!!
- 気になるコトバ

製作 STAFF

メニューは大きく分けて4つの枠組みとなっている。内訳は「ゼミ情報」「企業視察・講演」「澁ゼミSpecial」「製作 STAFF」で、「ゼミ情報」はゼミに関するあらゆる情報を含む項目、「企業視察・講演」は視察に行った際のレポート、あるいは外部講師を招いた際の講演内容のレポート……と、特段の説明をするまでもなくシンプルで、そこに何があるかすぐわかる内容となっている。

澁ゼミSpecialはshibuzemi.comにおける企画もので、NS the Radioはネットラジオ、Network Stationは映像番組、となっている。

8-1-3　ゼミ情報 1

イベント

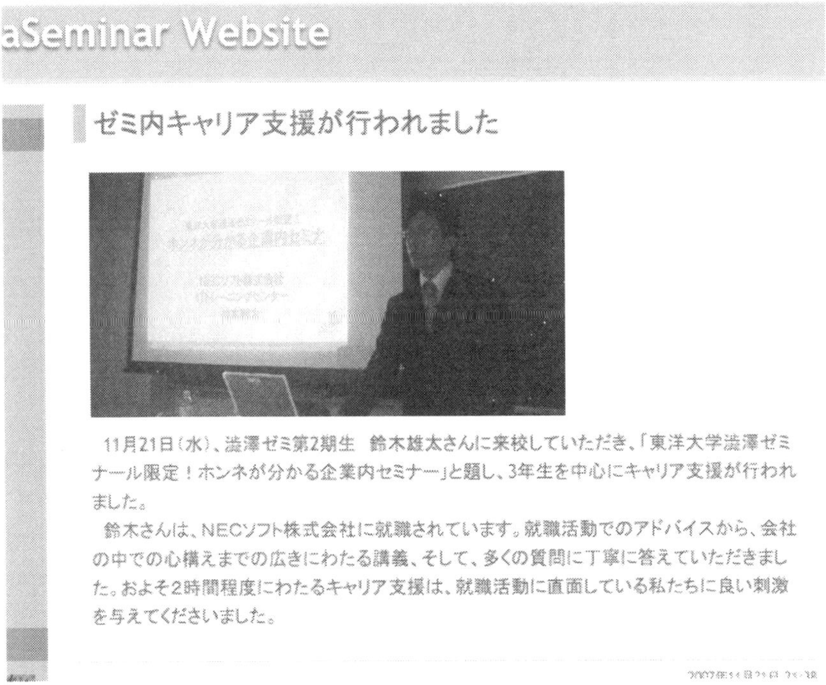
aSeminar Website
ゼミ内キャリア支援が行われました
11月21日（水）、澁澤ゼミ第2期生　鈴木雄太さんに来校していただき、「東洋大学澁澤ゼミナール限定！ホンネが分かる企業内セミナー」と題し、3年生を中心にキャリア支援が行われました。
鈴木さんは、NECソフト株式会社に就職されています。就職活動でのアドバイスから、会社の中での心構えまでの広きにわたる講義、そして、多くの質問に丁寧に答えていただきました。およそ2時間程度にわたるキャリア支援は、就職活動に直面している私たちに良い刺激を与えてくださいました。

澁澤ゼミ生の活動を追うカテゴリである。卒業生にゼミ向けにセミナーを行ってもらったとか、ゼミ生が卒業論文で優秀賞をもらったなど、ゼミでの活動の成果を伝える役割を担っている。

8-1-4　ゼミ情報 2

ゼミ概要

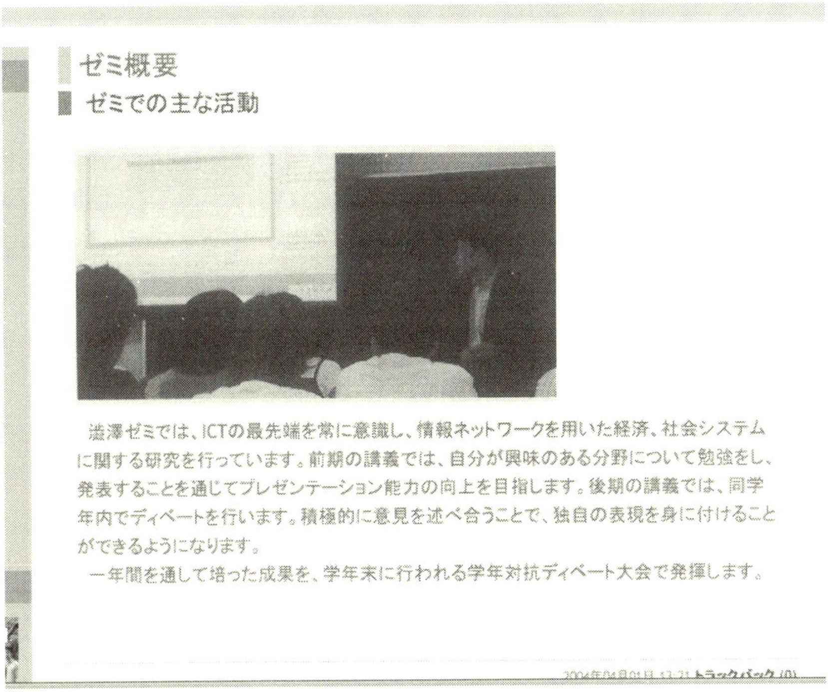

ゼミ概要

ゼミでの主な活動

渋澤ゼミでは、ICTの最先端を常に意識し、情報ネットワークを用いた経済、社会システムに関する研究を行っています。前期の講義では、自分が興味のある分野について勉強をし、発表することを通じてプレゼンテーション能力の向上を目指します。後期の講義では、同学年内でディベートを行います。積極的に意見を述べ合うことで、独自の表現を身に付けることができるようになります。

一年間を通して培った成果を、学年末に行われる学年対抗ディベート大会で発揮します。

2004年04月01日 13:31 トラックバック (0)

企業視察や卒論、ディベートにテーマ報告、ラジオ番組の制作やメールマガジンの発行…と、多岐にわたる活動をしているゼミであるから、一概にゼミの概要を伝えることは簡単ではない。ゼミが概要のカテゴリでは、各取り組みについての説明を行っている。

8-1-5　ゼミ情報3

卒論・進路

卒論・進路

2007年度卒業論文一覧

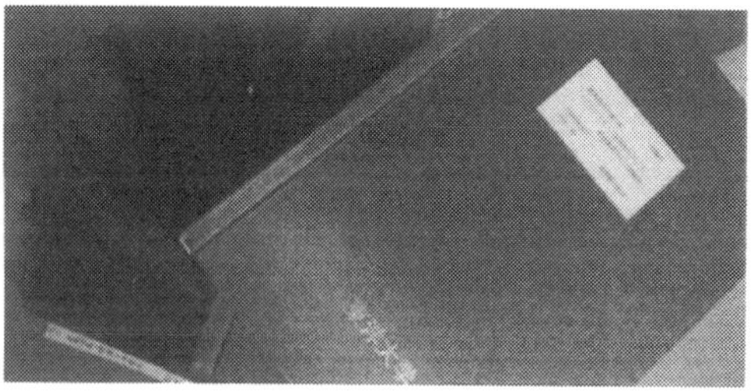

第五期生の卒業論文一覧です。

地上デジタル放送について ～ユニバーサルサービスになるために～
電子マネーの管理について
メディアの低質化 ～TVを中心に～
ユビキタス社会における医療のIT化について ～遠隔医療を中心に～
医療情報における電子カルテ
健康志向の上昇における経済効果
日本の野球選手が与える経済的影響について
企業誘致活動における地方都市経済効果について
コンテンツビジネスの展望 ～コンテンツの世界展開について～

多彩な活動を行っているゼミであるが、ゼミの活動が結果として表れるのは大きくわけて2つである。1つは、それぞれの研究テーマを1つの論文として著す卒業論文。もう1つが、得た経験を社会に生かす意味で就職先の進路である。澁澤ゼミでは、こうした情報を公開していくことに意味があると考え、結果を公表している。幸いな事に、今のところ所属したほぼすべてのゼミ生が卒論を書きあげ、就職し社会へと羽ばたいている。

8-1-6　企業視察・講演１

企業視察

企業視察

東京証券取引所視察

澁澤ゼミ第8期生は5月20日、東京証券取引所へ訪問しました。

続きを読む... »

2008年05月31日 17:08 トラックバック (0)

Panasonic Center TOKYO 視察

澁澤ゼミでは海外視察とは別に、国内の企業視察を年４、５回行っている。その模様などのレポートを掲載するカテゴリである。

ポイントは、レポートは非常に詳細なもので読みごたえのあるものであるが、反面とても長いということである。トップページやカテゴリを開いた際に、長い記事がずらずらと並び、スクロールするのも手間、ということがないように、レポートでは概要だけを最初に表示するようにし、あとは「続きを読む」をクリックした際に表示されるようにしている。

8-1-7　企業視察・講演 2

外部講師

ビットワレット　宮澤氏

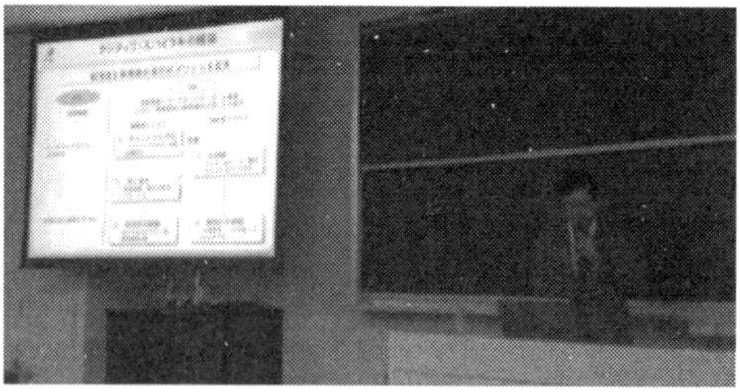

今回は、近年急速に普及している電子マネー「Edy」を運営・推進している、ビットワレット株式会社から、執行役員常務企画・広報担当業務本部長である宮澤和正氏をお招きし、講義を行なって頂いた。
澁澤ゼミでは、電子マネーを研究している学生も多く、今年の海外視察でもベルギーのバンクシス社を訪れたり、ソニーの橋本勝憲氏を外部講師としてお招きしてきた。今回は、Edyの実情、展望について、企業側の視点での話を聞くことができた。

○ビットワレットについて

元々はSONYの社内ベンチャーであったが、家電、通信、金融、自動車等の幅広い業界からの出資により、2001年1月に設立された。これだけ幅広い業界からの出資は、企業としてはかなり珍しい。
事業内容はプリペイド型電子マネーサービス「Edy」の運営、及び推進である。

企業視察を定期的に行っているゼミであるが、時には大学に企業の一線で活躍されている方をお招きし、外部講師としてレクチャーを行っていただいている。その模様をレポートするカテゴリである。

8-1-8　企業視察・講演 3

海外視察

海外視察2006　EU　欧州連合本部

EUの情報化についての現状と今後の展望を探るべく、欧州連合本部の視察を行いました。ベルギーの首都ブリュッセルにには、欧州連合本部・欧州委員会・欧州理事会といったEUの主要機関が置かれています。ブリュッセルは地理的に、「ヨーロッパのへそ」と呼ばれていますが、政治的・経済的にもヨーロッパの中心なのです。

<映像によるレポートは**こちら**>

初めに、EUの成り立ちと、現状についてのレクチャーを受け、続いて情報化政策の話を伺った。

・EU設立までの流れ

詳しくは第７章のケーススタディで扱った海外視察。澁澤ゼミでは2002年より毎年各国の企業や政府組織に視察を敢行しているが、企業や役所、大学等からのアクセスが多いカテゴリとなっている。

8-1-9　澁ゼミ Special 1

NS the Radio

NETWORK STATION the Radio -澁澤ゼミのラジオ番組-

NETWORK STATION the Radio

澁澤ゼミWebsiteでは新企画として、2008年4月から第二・第四木曜日の月二回、ラジオ番組の配信を開始しました。この番組では複数班に分かれての企画から収録、公開まですべて渋ゼミ生の手で行っています。

主な内容は、澁澤ゼミ生の声をお届けする「**ボイス オブ 渋ゼミ**」、企業の方やゼミの卒業生の先輩など、様々な方面で活躍されている方々へのインタビューを行う「**ボイス オブ スター**」、澁澤先生がITと情報社会をテーマにしたコラムをお届けする「**コラムで紐解くITと経済**」、そして澁澤先生が脚本を手がけ、ゼミ生の出演でお届けする**ラジオドラマ「刺客」**など、多彩な企画を取り揃え、このラジオ番組を魅力的なものにすべく澁澤ゼミ生皆で盛り上げ

詳しくは第 4 章で扱ったネットラジオである。ネットラジオの開始以降、Web サイトの平均滞在時間に顕著な伸びが見られるようになり、そういった相乗効果が期待される一方で、webチームとラジオ製作チームの各担当者間での緊密なやり取りが必要となる。

8-1-10　澁ゼミ Special 2

Network Station

詳しくは第５章、映像配信で扱った。澁澤ゼミの映像配信ページで、各コンテンツが一覧できるようになっている。

8-1-11　その他の澁ゼミ Special

インタビュー

■ 第4期生　尾見さやかさん　インタビュー

尾見さやかさんから、就職活動において当時の心境やお勧めなどを伺いました。アドバイスも聞くことができ、これから就職活動を迎える私たちに大きな励みとなっています。

続きを読む...»

卒業生へのインタビューを行うコーナーである。

今月のズバ!!

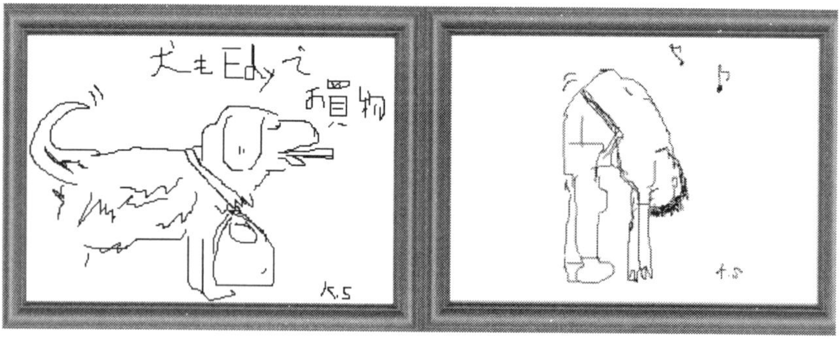

Web サイトの人気コンテンツ。マウスだけで描かれている。

気になるコトバ

気になるコトバ

セブン＆アイ独自電子マネー「nanaco」実態調査

4月23日から、セブン＆アイホールディングスが発行するプリペイド型の新しいICカード型電子マネー「nanaco」が始動されました。
今回は、そんなnanacoについてどれくらいの人が使われているのかを実際に調べてみました。

続きを読む…»

注目されているキーワードを実態調査などをもとに調べていくコーナー。

8-1-12　shibuzemi.comにおける各記事へのアクセス方法

前述したとおり、コンテンツが豊富になればなるほど、サイトの規模は大きくなり、記事へのアクセス経路が煩雑になる。その為には、目的に応じたアクセス経路をシンプルに提供することが大切である。shibuzemi.com では下記のようなパターンで記事を探すことが可能である。

カテゴリからアクセスする

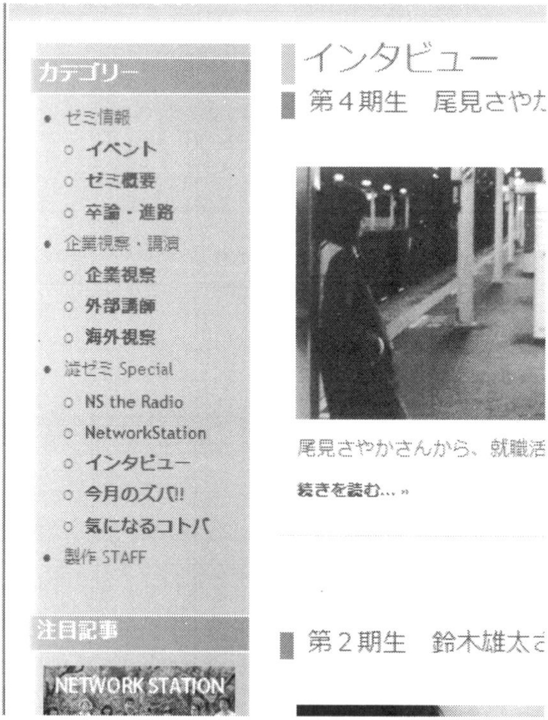

カテゴリはメニューとしてそのまま機能する。記事が増えていくに連れ、常に的確にメニューが配分されているか確認することが大事であるが、かといって、頻繁に変更していては常連の利用者に迷惑をかけてしまう。最初にしっかりと決めることが大切であるが、どうしても整理し直したほうがいいと思われる場合は、そうした説明を含めて告知をするようにしたい。

注目記事からアクセスする

注目してもらいたい記事へのアクセスの動線として、こうした「注目記事」「お勧め記事」「ピックアップ」などの設置はとても効果的である。アクセス数が芳しくないけれども見てもらいたい記事などに用いてもいいだろう。

ただし、こうした「おすすめ」の場所に掲載するコンテンツ数は、一目で把握できる量でなくては意味がない。10も20も並ぶとすれば利用者はそこから記事を探すことをやめてしまうだろう。

月別一覧から選択する

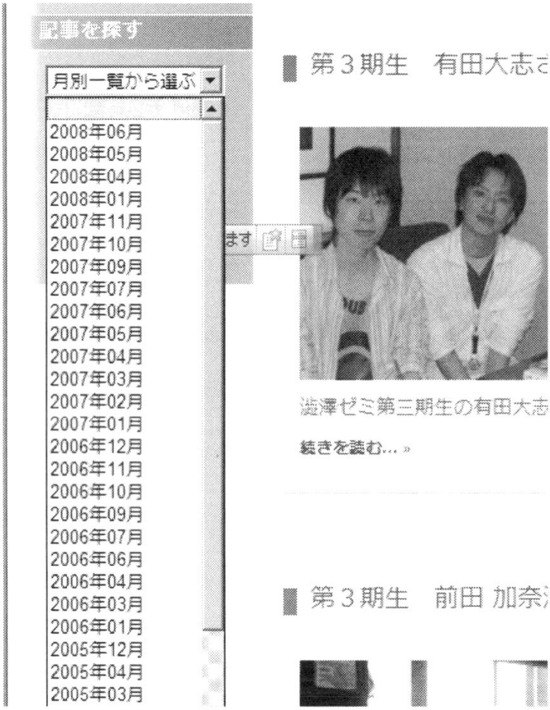

大学のゼミなど、年度ごとに行事が行われる組織では、年度ごとや月ごとの一覧を設置しておくことで、イベントのおおよその時期を推測できるから、素早く記事を見つけることができる。

全記事一覧からアクセスする

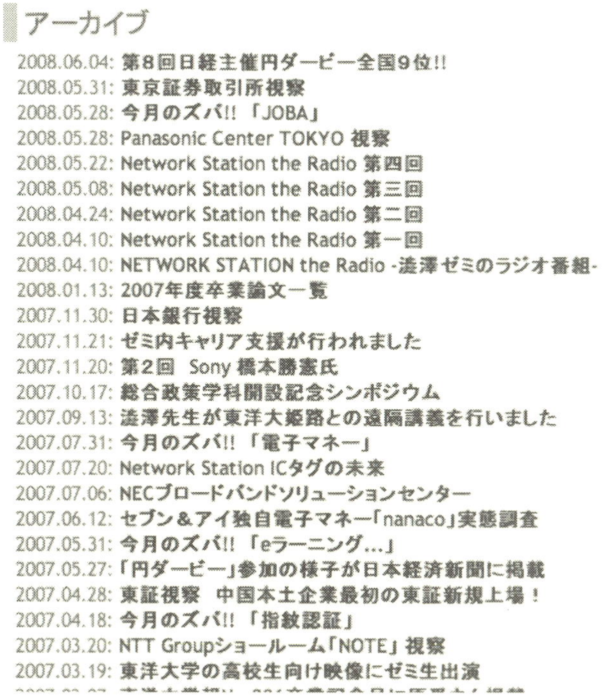

アーカイブ

2008.06.04: 第8回日経主催円ダービー全国9位!!
2008.05.31: 東京証券取引所視察
2008.05.28: 今月のズバ!! 「JOBA」
2008.05.28: Panasonic Center TOKYO 視察
2008.05.22: Network Station the Radio 第四回
2008.05.08: Network Station the Radio 第三回
2008.04.24: Network Station the Radio 第二回
2008.04.10: Network Station the Radio 第一回
2008.04.10: NETWORK STATION the Radio -淺澤ゼミのラジオ番組-
2008.01.13: 2007年度卒業論文一覧
2007.11.30: 日本銀行視察
2007.11.21: ゼミ内キャリア支援が行われました
2007.11.20: 第2回　Sony 橋本勝憲氏
2007.10.17: 総合政策学科開設記念シンポジウム
2007.09.13: 淺澤先生が東洋大姫路との遠隔講義を行いました
2007.07.31: 今月のズバ!! 「電子マネー」
2007.07.20: Network Station ICタグの未来
2007.07.06: NECブロードバンドソリューションセンター
2007.06.12: セブン＆アイ独自電子マネー「nanaco」実態調査
2007.05.31: 今月のズバ!! 「eラーニング...」
2007.05.27: 「円ダービー」参加の様子が日本経済新聞に掲載
2007.04.28: 東証視察　中国本土企業最初の東証新規上場！
2007.04.18: 今月のズバ!! 「指紋認証」
2007.03.20: NTT Groupショールーム「NOTE」視察
2007.03.19: 東洋大学の高校生向け映像にゼミ生出演

『Movable Type』などでは、標準で全記事一覧をアーカイブとして作成するから、特段理由がない限りは、リンクを張っておくのが良いだろう。

検索ボックスからアクセスする

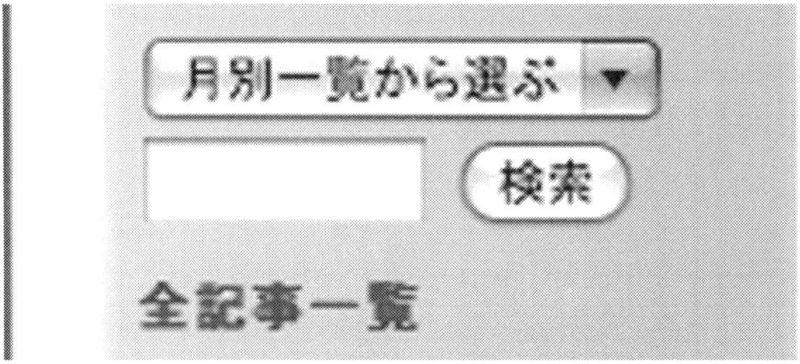

シンプルであるが肝心な要素である。

フィードへのリンク

フィードは特段リンクを張らずとも、リーダーによっては自動的に取り込みを行ってくれるが、そうでないものもあるから、デザイン面等よほどの問題がない限りは配置しておいて問題ない。

8−2　メールマガジン

続いて、澁澤ゼミのメールマガジン事例をみてみる。澁澤ゼミで配信されているメールマガジンは組織内の情報共有メールではあるが、外部向けメールマガジンを配信する際でも参考にしてみてほしい。

図　Shibusawa seminar Information Mail

Shibusawa Zemi INFORMATION

[vol.027 2008.5.29]

目次
【1】"Shibusawa Zemi INFORMATION"
【2】企業視察
【3】円ダービー
【4】NSR
【5】学年別連絡
【6】リレーコラム　第27回
【7】澁澤先生のコラム

【1】"Shibusawa Zemi INFORMATION"

"Shibusawa Zemi INFORMATION" はゼミ生全員の共通連絡網として
定期的に配信されます。必ずチェックするようにして下さい。

基本的に文字数が多いメールのため携帯での受信を推奨していません。
自宅でネット環境のない方は学校等で必ずチェックするようにしてください。

＊配信先を変更したい人は、以下より解除と新規登録を行ってください。
http://shibuzemi.com/ml/henkou/

※メールに対する質問・意見等は sim@shibuzemi.com まで。

【2】企業視察

5月度、澁澤ゼミでは2年生・3年生ともに企業視察が
行われましたので報告です。

2年生
5月20日　火曜日
東京証券取引所　視察

3年生
5月15日　木曜日
松下電器：パナソニックセンター東京　視察

5月26日　月曜日
テレビ朝日　視察

【3】円ダービー

澁澤ゼミが参加している日本経済新聞社主催の円ダービーについて、
各チームのリーダーよりコメントをいただきました。
また、今回は各チームの予測値も掲載します。

2年生
5月の為替予想が終わりましたが、6月の予想に向けて
気合いを入れ直したいと思います。知識の面ではほぼ0からの
スタートだったのでどうなるかと思いましたが、
それぞれしっかり調べてきてなんとかなりそうです。
もっと詳しく調査して予想する努力が必要です。
2年チームの皆さん、最後まで頑張りましょう！
5月度予測値：108円12銭　（和田　洋）

3年生
最近の為替はあまり目立つ変化がありませんが、
注意深くチェックしてください。予想は難しいですが、
まずは5月予想が近似値を取れるように神仏を

8-2-1　概要

澁澤ゼミでは、内部向けメールとして、「Shibusawa seminar Information Mail」を発刊している。対象は現役の 3 学年にわたるゼミ生と、すでに卒業した OB に対してとなっており、購読者は100名を超える。

主な担当スタッフは 1 名で、この 1 名も専属というわけではなく、別のプロジェクトにかかわりつつ、その合間で記事作成を行っている。また、更新頻度は月に 1 度、月末の配信となっている。

各コーナーの内訳は以下の通りとなっている。

■目次
■注意事項
■配信先変更
■（イベント 1）企業視察
■（イベント 2）円ダービー
■Network Station the Radio
■学年別連絡
■（読み物 1）リレーコラム
■（読み物 2）澁澤先生のコラム
■編集後記
■アドレス変更などの確認事項

各項目についてみてみる。

8-2-2　目次

検索ボックスからアクセスする

・・・・・・……――――――――――――――――――――――――――――――……・・・・・・

[vol.027 2008.5.29]

目次
【１】“Shibusawa Zemi INFORMATION”
【２】企業視察
【３】円ダービー
【４】NSR
【５】学年別連絡
【６】リレーコラム　第２７回
【７】澁澤先生のコラム

―――――――――――――――――――――――――――――――――――

これらのメールは、必ずしもすべてを読んでもらうことを前提としていない。もちろんせっかく手間をかけて作成したものであるから、すべてに目は通してもらいたいわけだが、かといってそれを押し付けて結局目を通してもらえなくなっては意味がない。

その上で目次は何気ないようで大切な役割を果たす。パッと一目で見て、あ、これが面白そうだな、と思ってもらえるからである（もちろん魅力ある題材がなくてはならない）。

8—2—3　注意事項

―――――――――――――――――――――――――――――――――――――

【1】“Shibusawa Zemi INFORMATION”

―――――――――――――――――――――――――――――――――――――

“Shibusawa Zemi INFORMATION” はゼミ生全員の共通連絡網として
定期的に配信されます。必ずチェックするようにして下さい。

基本的に文字数が多いメールのため携帯での受信を推奨していません。
自宅でネット環境のない方は学校等で必ずチェックするようにしてください。

＊配信先を変更したい人は、以下より解除と新規登録を行ってください。
http://shibuzemi.com/henkou/

＊メールに対する質問・意見等は sim@shibuzemi.com まで。

ゼミ内の連絡においては、視察の予定日時や円ダービーの打ち合わせ日程など、重要なものがある。また、ゼミに入りたての段階では情報機器の扱いに不慣れであったり、メインのメール送受信環境が携帯ということも少なくない。そのために、「Shibusawa seminar Information Mail」では受信環境に関する注意などを必ず最初に記載するようにしている。これらは組織の構成によっては必要ない場合もある。

8-2-4　配信先変更

これは必ず含めなくてはならない項目である。アドレスを変更する際に、逐一担当者がメールアドレスを受け取り、登録内容を変更していては大変効率が悪いし、人伝えになることで誤入力の恐れも増す。よって、直接新しいアドレスを入力してもらい、アドレスを変更してもらうようにする。

配信先変更フォーム

お名前 [　　　] メールアドレス* [　　　]
[参加] [退会]

なお、メールマガジンを開始する際においても、配信対象が内部の5、6人や十数人の組織ならば直接メールアドレスを集めて登録すれば問題ないが、100人近くになると、フォームを使うなどしてアドレスを回収したほうが早い場合もある。その場合はあらかじめフォームを設置してから配信を開始する。

以下（イベント1）（イベント2）は、月々によって可変する項目である。連絡の場合もあれば、そのレポートを意味する場合もあるが、そのイベントについての現況が判るようになっている。

8-2-5（イベント1）企業視察

【2】企業視察

5月度、澁澤ゼミでは2年生・3年生ともに企業視察が
行われましたので報告です。

2年生
5月20日　火曜日
東京証券取引所　視察

3年生
5月15日　木曜日
松下電器：パナソニックセンター東京　視察

みての通り、日程の連絡となっている。

8-2-6（イベント2）　円ダービー

――
【3】円ダービー
――
澁澤ゼミが参加している日本経済新聞社主催の円ダービーについて、
各チームのリーダーよりコメントをいただきました。
また、今回は各チームの予測値も掲載します。

もうすぐ5月度の結果がわかりますね。
あと少し円安に動かないかと日々ドキドキしながら変動を確認しています。
個々に円ダービー以外でも取り組みがありますが、
6月になるとまたすぐに予測をたてるので、
こちらもしっかり意識してください。
みんなで表彰式に行けるよう頑張りましょう！
5月度予測値：105円96銭　（大久保 宏紀）

2年生
5月の為替予想が終わりましたが、6月の予想に向けて
気合いを入れ直したいと思います。知識の面でほぼ0からの
スタートだったのでどうなるかと思いましたが、
それぞれしっかり調べてきてなんとかなりそうです。
もっと詳しく調査して予想する努力が必要です。
２年チームの皆さん、最後まで頑張りましょう！
5月度予測値：106円12銭　（和田 淳）

「円ダービー」は日本経済新聞社が開催している円相場の予想を学生チームが競うイベントで、全国500校を超えるチームが参加している。

メールマガジン発刊は前半戦の結果がわかる直前であり、澁澤ゼミからは3チームが参加しているため、内部での競争意識を高める意味でも、各チームリーダーの代表コメントを掲載したが、緊張感が伝わってくる。

「第8回 全国学生対抗円ダービー」に参加した澁澤ゼミは、5月30日の円相場を105円49銭と予測をしたが、これはわずか5銭のずれで、約500チームで争っている中で前半戦全国9位となった。こうした競争の仕組みが功を奏したようである。

8-2-7　Network Station the Radio

―――――――――――――――――――――――――――――――――――――
【4】NSR
―――――――――――――――――――――――――――――――――――――
澁澤ゼミラジオコンテンツ‘NSR’についてのお知らせです。

今月も月二回、NSRを配信しました。
第三回は、第五期生の細野さんをお迎えし、緑溢れる代々木公園にて
ロケを行いました。

第四回のボイス・オブ・スターでは、第二期生の高橋さんにインタビューし、
企画や海外視察についてのお話を頂きました。

ドラマも本編に突入し、ゼミ生の演技力にも注目です！ぜひご視聴ください。

次節で扱うテーマ「ネットラジオ」の配信であるが、澁澤ゼミではラジオ番組として「Network Station the Radio」を配信している。詳細は次章にて行うが、メールマガジンでは、このネットラジオについての連携を目的としてコーナーを設けてある。これはわかりやすいメールマガジンからWebサイトへの誘導例と言えるだろう。

8-2-8　学年別連絡

―――――――――――――――――――――――――――――――――――――
【5】学年別連絡
―――――――――――――――――――――――――――――――――――――

◆4年生

前期も半分過ぎてしまいました。
2年生はゼミに慣れましたか？
4年生は就活、教育実習と、
大変だと思いますが、卒論も頑張りましょう。
次は16日までに進捗状況を澁澤先生に報告してください。
早め早めの行動を…。　　　　　　　　　　　　　　　　　（小城 光利）

◆3年生

各学年ゼミ長がメールマガジン配信後1か月に訪れるイベントの告知、卒論の締め切りなどの連絡を行う。

以下（読み物1）（読み物2）は、その配信時期に合わせた話題が中心となって、毎回様々なコラムが展開されている。

8-2-9（読み物１）　リレーコラム

【6】リレーコラム　第２７回

＊リレーコラムとは、毎回指名されたゼミ生が自分の興味のあるテーマについて
コラムを書きます。

今回は、４年生の鈴木さんからの指名で、３年生の染谷くんに書いていただきました。

こんにちは。
今回リレーコラムを担当する、染谷です。

いきなりですが、私はサッカーが好きです。先日、ヨーロッパの
サッカークラブの頂点を決める大会（チャンピオンズ・リーグ）が
決勝を迎えました。初となるイングランド勢の対決となり、

リレーコラムでは、毎回ゼミ生がコラムの最後に次回の執筆者を指定する。この時に、「指名するのは必ず別学年で」、と決めてある。普通に指名していくと同学年で指名し続ける傾向があるためであり、こうしたちょっとしたことが、学年間（チーム間）のコミュニケーションに繋がる。

（読み物２）　澁澤先生のコラム

【7】澁澤先生のコラム

乗馬

セレブの趣味といえば代名詞になるのが「乗馬」ではないだろうか。
馬自体が高額なだけでなく、乗馬クラブに所属するなど
乗り方だって教習所ってわけにはいかない。
だからだいたいが、家族でやっていたりして
小さい時期から馬に慣れたりしているらしい。
競馬場でおじさん連中は馬と縁が深いし、小さい頃から
競馬場につれていってもらい、馬に慣れ親しんでいる人もいる。
しかしこの場合、趣味は競馬であってセレブの趣味とはいえない。
最近になってブレイクしそうな雰囲気がある松下電器の乗馬フィットネス、

「澁澤先生のコラム」のコーナーは、Webサイトと連動していて、コラムに関するイラストを見ることが可能である。

8-2-10　編集後記

――――――――――――――――――――――――――――――

編集後記：

もうじき梅雨の季節ですね。とても時間が早く感じます。
卒論など、やるべきことを早めにやっていきたいですね。
（杉山 友美）

企業視察や円ダービー、ラジオなど様々な活動があり、とても充実しています。
企画同様こちらのメルマガも皆さんに満足いただけるような内容にするため、
取り組んでいきます。来月もお楽しみに！！
（大久保 宏紀）

ここまで見てきたように、実はこのメールマガジン担当者は編集後記以外執筆を行っていない。この点が、それなりにボリュームのある内容のメールマガジンを毎月配信できる最大の理由といえる。とはいえ、せっかく苦労して作り上げたメールマガジンであるから、ちょっとした一言は残しておきたいという意見があった。よって編集後記のコーナーが生まれ、メインの編集者と、先代の編集者（チェック役）が編集後記を書いている。

8-2-11　アドレス変更などの確認事項

――――――――――――――――――――――――――――――

★澁澤ゼミのオフィシャルサイト
http://www.shibuzemi.com
★ShibusawaZemi INFORMATION配信先変更手続き
http://shibuzemi.com/henkou/
★ShibusawaZemi INFORMATIONバックナンバー
http://shibuzemi.com/ml/

――――――――――――――――――――――――――――――

発行：澁澤ゼミ／発行人：澁澤 健太郎 編集：杉山 友美， 大久保宏紀
copyright (c) 2008 Shibusawa Zemi. All rights reserved.

――――――――――――――――――――――――――――――

これは必ず毎回記載するものであるので、最後に確認の意味を込めて載せる。

8-2-12「Shibusawa seminar Information Mail」制作手順

■年度区切りの担当者を決める。

「Shibusawa seminar Information Mail」の主な担当者は年度交替制で常に1名となっている。これは、メールマガジンが様々な素材を収集して1つにまとめるスタイルをとっているため、窓口が多いと却って効率が悪くなるなどの理由から。

■メールマガジン内の各コーナーの編成。

「Shibusawa seminar Information Mail」では担当者が1人のため、なるべく人的負担がかからないコーナー編成を目指した。一方、ゼミ内にはたくさんの人間がいるので、誰かが固定でコーナーを担当するのではなく、できるだけ個性豊かなゼミ生が毎回変わり変わり参加できる内容を中心に取り揃えた。

■コーナーの内容に従い、 各担当者に打診する。

　ゼミ内の学年ごとの行事や連絡事項は各学年のゼミ長に執筆依頼を出す。「円ダービー」や「ゼミ内ディベート」などのコーナーがある場合は、各担当者へのインタビューの打診、また、月2度更新される「Network Station the Radio」のネットラジオコーナーとは緊密な連携を取るべく、連絡を緊密に行う。そのほか、リレーコラムは、その回のコラムを担当した人間が次回の担当者を他学年から指名する為、それに従いコラムの執筆依頼を出す。

■執筆期間

■粘り強く締め切りを告知する。

　多くの場合、期日通りには各素材は集まらないため、締切はある程度早めに設定すると同時に、締切の告知は何度も粘り強く行う。

■これを一年間続ける。

　続けることが肝心。

■引き継ぎ

　次年度担当者を指名し、簡単な制作手順についての引き継ぎを行う。

■新年度の編成

「Shibusawa seminar Information Mail」は立ち上げ時の編成からそれほど大きな変化はしていないが、毎年担当者が引き継ぎを行い代替わりするので、新しい担当者がその年度のコーナーを見直す。新コーナーを追加する場合もあればそれまでの年度の内容をそのまま引き継ぐ場合もある。

これらを繰り返して４年間に亘り、現在で第27号が発刊されている。

8-2-13 メールマガジンスタッフの声

LINK:　http://shibuzemi.com/2004/04/post_22.html

　このページでは、メールマガジンに携わったスタッフの声が掲載されている。メールマガジン作成自体がとても充実した経験となり、役立っていることが伝わるかと思う。

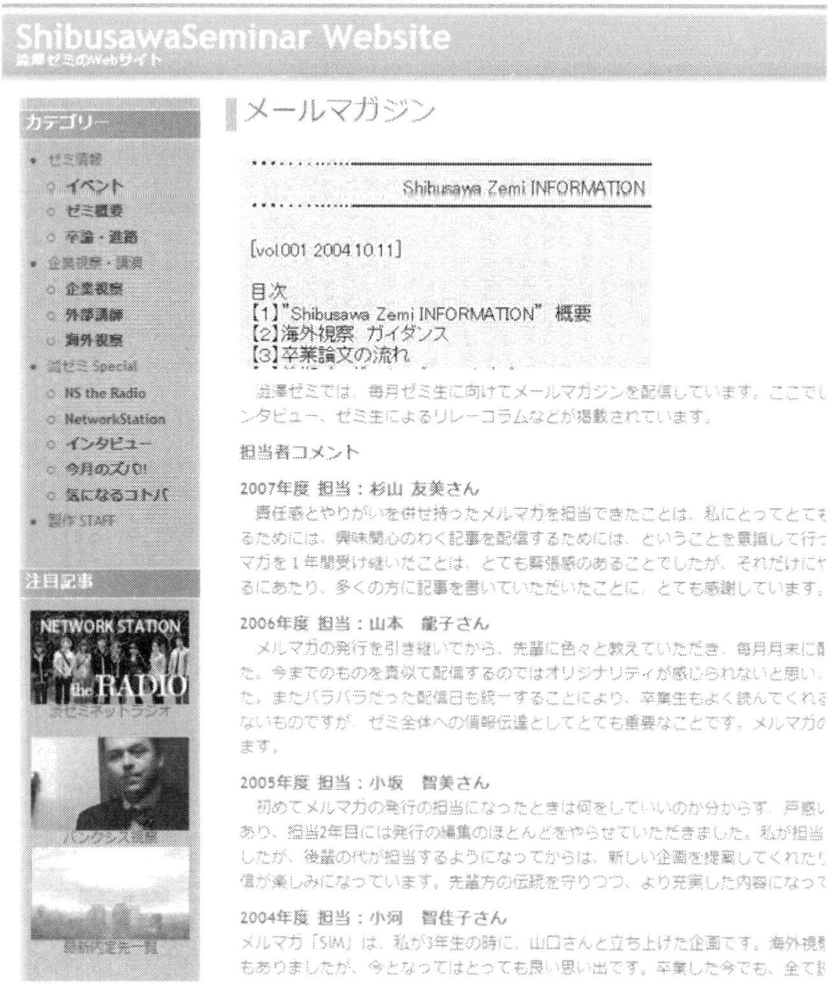

8－3　ネットラジオ

8-3-1　Network Station the Radioの事例番組内容

それでは、本章でもshibuzemi.comで展開しているラジオ番組の事例についてみていく。

Network Station the Radioのページ

NETWORK STATION the Radio -澁澤ゼミのラジオ番組-

NETWORK STATION the Radio

澁澤ゼミWebsiteでは新企画として、2008年4月から第二・第四木曜日の月二回、ラジオ番組の配信を開始しました。この番組では複数班に分かれての企画から収録、公開まですべて渋ゼミ生の手で行っています。

主な内容は、澁澤ゼミ生の声をお届けする**「ボイス オブ 渋ゼミ」**、企業の方やゼミの卒業生の先輩など、様々な方面で活躍されている方々へのインタビューを行う**「ボイス オブ スター」**、澁澤先生がITと情報社会をテーマにしたコラムをお届けする**「コラムで紐解くITと経済」**、そして澁澤先生が脚本を手がけ、ゼミ生の出演でお届けする**ラジオドラマ「刺客」**など、多彩な企画を取り揃え、このラジオ番組を魅力的なものにすべく澁澤ゼミ生皆で盛り上げ

Network Station the Radioは澁澤ゼミが行った活動内容をより多面的に発信していけないかという観点に立ち企画が始まった。他のコンテンツ同様全てゼミ生で制作・展開しているネットラジオ番組で、毎月第2・第4木曜日に公開されている。

8-3-2　番組編成

Network Station the Radio は開始段階で4コーナーからなる番組となった。澁澤ゼミ生の 2 ～ 4 年生が毎回交代で登場し、決められた質問に答えていく「ボイスオブ澁ゼミ」、企業の方やゼミの卒業生にインタビューを行う「ボイスオブスター」、IT と情報化社会の関わりをテーマにしたコラム「コラムで紐解く IT と経済」、そしてゼミ生が出演する「ラジオドラマ」のコーナーである。

インターネットラジオ配信を始める上で検討された項目が、「複数コーナーからなる 1 番組」なのか、「1 コーナーだけの番組を複数並べるか」か、ということであった。通常であれば、最初に決まっているか、企画会議から始まり企画を詰めていく上で決まる項目とも言えるが、Network Station the Radio によって、shibuzemi.com 自体へのアクセス数・滞在時間数への影響がどう出るかを考える時に、こうした項目は重要になってくる。

特に、インターネットラジオは時間的制約がないし、決められた枠で流さなくてはならないものでもないから、それぞれのコーナーを個別に流してもかまわないわけであるし、複数コーナーを一緒にまとめて流す意味合いも必ずしも強いとは言えない。それぞれの特徴を考えてみる。

「複数コーナーからなる 1 番組（バンドル型）」

送り手のメリット：更新時がまとめられるため、平行してスケジュールが組みやすい

受け手のメリット：一回でまとめて聞ける

送り手のデメリット：各班の進行を調整する手間がかかる

受け手のデメリット：あまり聞きたくないコンテンツがある場合飛ばすのが手間

「1コーナーだけの番組を複数並べる（アンバンドル型）」

送り手のメリット：各班の進行を調整する手間がかからない

受け手のメリット：好きな番組だけを選んで聞ける

送り手のデメリット：それぞれの班が分散して動くため全体が把握しにくい

受け手のデメリット：幾つか聞きたい番組がある場合、それぞれ聞きに行くのは手間

上記をみていくと互いのメリットとデメリットがそれぞれ表裏一体になっているといえる。shibuzemi.com 上での展開を考えた時に、月に 4 × 2 の 8 記事がラジオだけで並ぶのは shibuzemi.com の利用体験を低下させるという問題が一番大きく、Network Station the Radio では 4 コーナーからなる企画をパーソナリティの進行によって進めていく、というスタイルに落ち着いた。仮にラジオ番組配信サイトだけを立ち上げるのであれば、個別でも問題ないだろう。

8-3-3　チーム編成

Network Station the Radio は現在 6 チーム体制で制作を行っている。6 チームそれぞれが同時並行で作業をすすめ、月 2 回の番組としてまとめあげる。それぞれの班についてみていく。

番組編成班

番組編成班は決まった番組の流れをもとに、各班のスケジュール調整を行い、常に全体の進行状況を把握する役目を担う。また集まってきた素材を管理・チェックし、それをもとにパーソナリティ原稿を作成する。

編成班が管理するスケジュールは複雑で、1 回ごとの各班の動きを指示するが、月 2 回の配信であるから、1 回が終わってから次の収録に入っていては間に合わない。よって、収録が終わった班はその回が公開される前に、次回の収録を始める形になる。編成班は常に 2 回から 3 回分の進行を把握する。

パーソナリティ班

パーソナリティ班は番組全体に統一感を持たせる役割を担っている。個性豊かな各コーナーを、独特の雰囲気で紹介していく。この原稿はベースを編成班が用意するが、パーソナリティ班と打ち合わせし、より雰囲気の出るものへと変えていく。

インタビュー班（2チーム）

外部向けインタビューは2チーム制で、それぞれ月に1つのインタビューを収録する。この日程と収録場所は先方の予定しだいで変わるため、臨機応変な対応が必要となる。社会の豊富な経験を直接聞ける場となっている。

ドラマ班

ドラマ班のワークフローは複雑で、原作をもとにラジオドラマとしての脚本化ののち、そのイメージに合わせてゼミ生からキャスティングを行う。

そしてレギュラーメンバーの日程調整を行い、時には個別に収録していくが、かけあいの演技が多いので、会話のシーンなどは同時に集まって収録するように心がける。この編集は音楽やSEなどほかの素材の挿入が多いことから、全体の編集からは異なる流れで行う場合が多い。

編集班

各班が日程を調整した上でそれぞれ素材を仕上げ、1カ所に集まった素材を元に編集する。これをもって無事公開となるが、時には素材が集まるのが公開日前日で急いで編集となる場合もある。

8-3-4　制作の流れ

スケジュール調整と通達

編成班が各班へその回のスケジュールを打診。「15日までにこの素材を揃えて欲しい」「20日までにインタビューを行って欲しい」という内容から、「水曜日に収録を行います」といった連絡を行う。

各パート収録

収録はそれぞれの班にわかれて行われるが、多くの場合、編成班の人間が各班の収録に立ち会う場合が多い。外部の方にインタビューを行う「ボイスオブスター」のコーナーは先方の都合に合わせ収録を行うというスタイルから、時間は不確定で収録場所もビルのエントランスや公園、というケースもある。

素材をアップロード・確認

各班が収録した素材を場合によっては各班である程度粗編集をすまし（インタビューなどにおける不必要な場所をカットし）、各班がWindows Live Skydiveなどのオンラインストレージへとアップロードする。編成班はあがってきた素材を元に、チェックを行う。

パーソナリティパート収録

全体の素材が揃った段階でパーソナリティによる各コーナーを繋ぐトークを収録する。この原稿のベースは編成班が作成するが、読み始める段階でパーソナリティが手を加えたりアドリブを入れたりして個性を加える。

編　集

パーソナリティパートと各コーナーの素材を編集し、アップロードする。

確　認

メンバー間で確認を行う。

Web チームへ通達

Web チームへと連絡を行い、公開の準備をしてもらう。この会に参加したスタッフリストを編成班が作成し、同様にWeb チームへと渡す。

公　開

Network Station the Radioは毎月第2・第4木曜日公開であるので、その期日中に公開を行う。実際には同時進行であるから、公開を待って各班が再び動き始めるのではなく、自分たちの班の行動が終わり次第、それぞれの班は再び同様の動きを始める。よって編成班は常に、直近の公開回と、その次の回を平行して進行状況を把握している状態となる。

ストック

録音したものを公開するという性質上、素材を「録り貯め」して置くことが可能な場合が多くなる。外部インタビューはスケジュールが読みにくいため、ある程度ストックを作っておく必要がある。「今旬な人に旬な話題を聞く」といった場合、収録からいち早く公開することが望ましいが、そうでない場合は、ある程度先行して録音しておくと進行スケジュールが楽なものとなる。ただあまり録り貯めしすぎても意外性が無くなってしまうから、全体スケジュールとの兼ね合いを見て、穴が空いた場合そこを埋める保険的な意味合いとして用いても良いだろう。

8-3-5　企画会議

企画会議は大きく分けて2種類行われる。1つは、各コーナーでの打ち合わせ、もう1つは、Network Station the Radio全体の企画に関する会議である。

コーナー別会議

これは各班がそれぞれの収録を行う会議で、班別に個別に行われる。外部向けインタビューの担当者を決めたりラジオドラマのキャスティングを決めたりする。

全体会議

全体会議は必要に応じて行う。Network Station the Radio にかかわる全員の参加は難しいので、編成班＋パーソナリティ＋各班の代表者が必ず参加して開かれる。

おもに全体の進行計画の見直しや、新企画に関する話題、また学年が変わる段階で新メンバーの参加をどう組み込んでいくか、引き継ぎのおこない方などを話し合う。

8-3-6 公　開

こうして多くの人間がかかわり同時並行で作業を行うことで1回分が完成する。

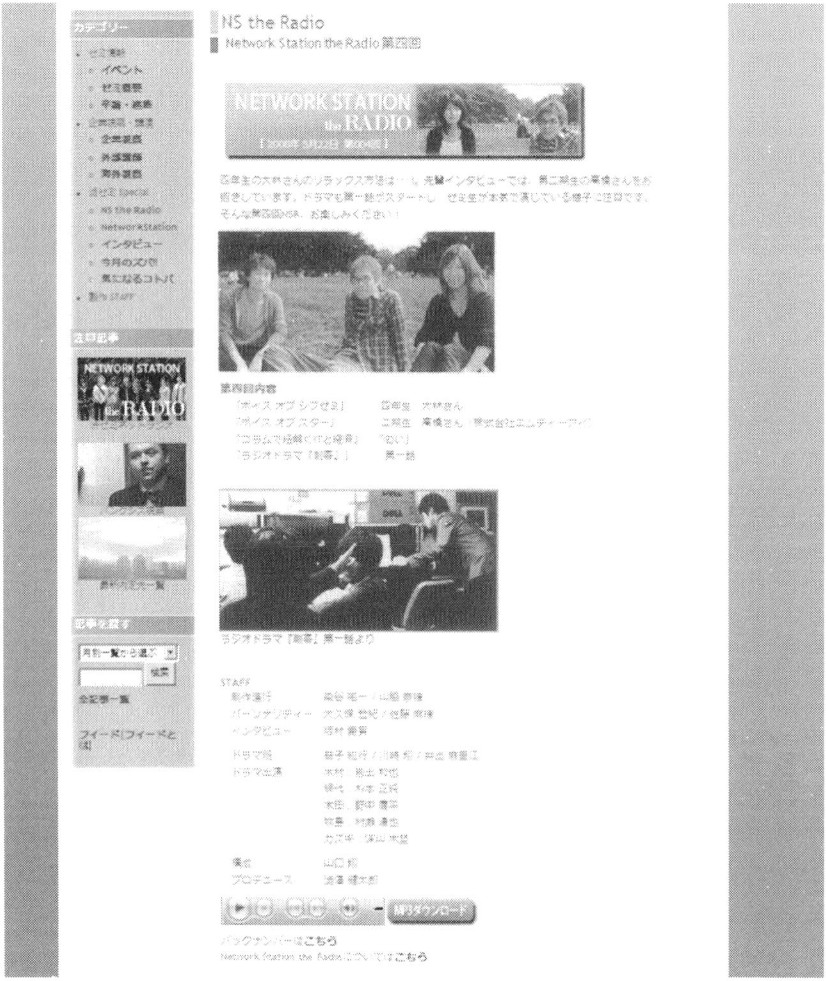

8-3-7　Webサイト、メールマガジンとの連携

ネットラジオの展開に当たっては、Web サイトチームとの連携が欠かせない。ネットラジオが更新されたことを告知する上で、Web、メールマガジンと足並みを揃え情報発信することで、互いの相乗効果が期待できる。

Webサイト

Network Station the Radio 第一回

NETWORK STATION
the RADIO
【2008年 4月10日 第001回】

澁澤ゼミのネットラジオ番組、『ネットワークステーションthe Radio』では、月に二回、澁澤
や、様々なゲストをお招きしてのインタビュー、そしてゼミ生によるラジオドラマをお送りし

メールマガジン

みんなで表彰式に行けるよう頑張りましょう！
5月度予測値：105円96銭
（大久保 宏紀）

―――

【4】NSR

―――

澁澤ゼミラジオコンテンツ‘NSR’についてのお知らせです。

今月も月二回、NSR を配信しました。
第三回は、第五期生の細野さんをお迎えし、緑溢れる代々木公園にて
ロケを行いました。

第四回のボイス・オブ・スターでは、第二期生の高橋さんにインタビューし、
企画や海外視察についてのお話を頂きました。

ドラマも本編に突入し、ゼミ生の演技力にも注目です！ぜひご視聴ください。

新企画を募集しています。
こんなラジオが聞きたい！こんな番組をやってほしい！などとありましたら、
山脇 までご連絡下さい。
よろしくお願いします。
（山脇 奈緒）

―――

【5】学年別連絡

―――

◆２年生
２年副ゼミ長の木村朱理です。
澁澤ゼミに入りプレゼン、東証視察などを経て、早くも１ヶ月です！

8－4　映像配信

8-4-1　Network Station の事例

第 5 章で見たオープンキャンパス・動画コンテンツはこのNetwork Stationで得られたノウハウをベースとしている（オープンキャンパス・動画コンテンツに関わらず、shibuzemi.com で展開されたコンテンツノウハウは学部でも利用されるケースが多く、メールマガジンなどもその 1 つである)。

Network Station は現在 shibuzemi.com で展開されている映像番組で、ほぼ同じような解説形式の番組であるが、オープンキャンパス・動画コンテンツがスタジオ内での解説に終始するのに対して、Network Station は取材なども多く、IC カードや IC タグを取り扱った内容から、ルーブル美術館を舞台にした回もある。

Network Stationのページ（http://shibuzemi.com/ns）

様々な項目の番組が並んでいる、shibuzemi.com内の映像コンテンツのポータル的位置づけのページとなっている。

今回はルーブル美術館の回を事例としてみてみる。

ルーブル美術館の回は、澁澤ゼミ第5回海外視察を行った後に、観光で訪れる予定のルーブル美術館をテーマにしたコンテンツが作成できないかという視察出発前のゼミ生のアイディアが元となって始まった。このコンテンツの作成にあたり組まれたメンバーは合計で5人である。企画から撮影・編集までを持ち回りで担当した。

企画は、ルーブル美術館のルーツについて、所属学科のフランス人の先生へのインタビューを行うと同時に、ルーブルを訪れる人にとって日本がどの様に認識されているか、というアンケートを行い、それぞれの国のシンボルがどの様に認識されているのか、その比較を行う、という形にまとまった。スタジオパートは帰国後ルーブルパートの編集を行った後に収録している。

アンケートを行うにあたっては、世界中から観光客が訪れるルーブルで、確実にコミュニケーションが達成できるようにと、写真を貼り付けたボードを指さしてもらうことで答えてもらう方式となった。必要なものを現地調達することは難しいとの判断から、準備は全て日本で行い、アンケートのボードを日本から持参している。

澁澤ゼミではICT技術に関する考察を深める機会が多いため、「情報」に特化したゼミという印象を強くもたれているが、こうしたコンテンツを公開することで、違う一面もあることを発信できた。

用語集

1章

・GPS（Global Positioning System）

全地球測位システム、汎地球測位システムとも言い、地球上の現在位置を調べるための衛星測位システム。

・ADSL（Asymmetric Digital Subscriber Line）

アナログ電話回線を使用する、上りと下りの速度が非対称（Asymmetric）な、高速デジタル有線通信技術、ならびに電気通信役務のことである。

・SNS（Social Network Service）

社会的ネットワークをインターネット上で構築するサービスの事である。

・グレシャムの法則

経済学の法則のひとつ。一般には内容の要約「悪貨は良貨を駆逐する」で知られる。

2章

・HTML（Hyper Text Markup Language）

ウェブ上のドキュメントを記述するためのマークアップ言語である。ウェブの基幹的役割を持つ技術の一つで高度な表現力を持つ。

・Movable Type（ムーバブル・タイプ）

シックス・アパート社が開発・提供するブログソフトウェア。プラグイン機構によりあらゆる機能を拡張できることが特徴である。

・FTP （File Transfer Protocol）

ネットワークでファイルの転送を行うための通信規約（プロトコル）である。日本語訳は、ファイル転送プロトコル

4章

・MP3（MPEG Audio Layer-3）

デジタル音声のための圧縮音声ファイルフォーマットのひとつ。ファイルの拡張子

は「.mp3」。

・ストリーミング
主に音声や動画などのマルチメディアファイルを転送・再生する方式の一種である。ファイルをダウンロードするのと同時に、再生をするので待ち時間が大幅に短縮される。

・JASRAC（Japanese Society for Rights of Authors, Composers and Publishers、社団法人日本音楽著作権協会）
音楽著作権の集中管理事業を日本国内において営む社団法人である。

・WAV（RIFF waveform Audio Format）
WAV または WAVE は、Microsoft と IBM により開発された音声データ記述のためのフォーマットである。ファイルの拡張子は「.wav」。

5章
・CGM（Consumer Generated Media）
インターネット上の口コミメディア。個人の情報発信をデータベース化、メディア化した Web サイトを指す。

8章
・Xoops（eXtensible Object Oriented Portal System）
GPL という、ソフトウェアライセンスに基づいて開発されたコンテンツ管理システム。

・アーカイブ
コンピュータにおいて、複数のファイルを一つのファイルにまとめたファイル、もしくはそれを作成する過程を指す。

・SPAMメール
受信者の意向を無視して、無差別かつ大量に一括して送信される、電子メールを主としたメッセージのことである。

執筆者紹介

澁澤　健太郎（しぶさわ・けんたろう）
東洋大学大学院経済学研究科博士課程修了
和光大学経済学部講師を経て
東洋大学経済学部総合政策学科准教授
主な著書
『インターネットひらいてみれば』時潮社
『インターネットで日本経済入門』（共著）日本評論社
『インターネット革命を読む』平原社
『Information－情報教育のための基礎知識』（共著）NTT出版
ホームページ：http://www2.toyo.ac.jp/~shibuken/

山口　翔（やまぐち・しょう）
東洋大学大学院経済学研究科博士後期課程在学中
東洋大学経済学部非常勤講師

Shibuzemi.com（澁澤ゼミ）

コラム・Ryuko. y
編集・杉本正純、井出麻里江、坂村愛美

次世代の情報発信

2008年 7 月10日　第 1 版第 1 刷　　　定価2500円＋税

著　者　澁澤　健太郎・山口　翔　©
発行人　相　良　景　行
発行所　㈲　時　潮　社

〒174-0063　東京都板橋区前野町 4 -62-15
電　　話　03-5915-9046
Ｆ Ａ Ｘ　03-5970-4030
郵便振替　00190-7-741179 時潮社
Ｕ Ｒ Ｌ　http://www.jichosha.jp
E-mail kikaku@jichosha.jp

印刷・相良整版印刷　製本・武蔵製本

乱丁本・落丁本はお取り替えします。
ISBN978-4-7888-0630-6